大数据及人工智能产教融合系列丛书

商业智能
工具应用与数据可视化

王佳东　王文信　编著

電子工業出版社
Publishing House of Electronics Industry
北京•BEIJING

内 容 简 介

本书聚焦商业智能与数据可视化主题，从概念、价值、方法、工具等理论基础出发，以实际场景为参考，分入门、进阶两大阶段重点介绍了商业智能工具 FineBI 的数据分析与可视化应用实践。本书内容层层递进，体系完善。

本书面向的对象广泛，无论是商业智能与数据可视化领域的 IT 人员、数据分析师、业务人员，还是其他领域具有数据分析与可视化需求的人员，抑或是高校商业智能与数据可视化相关专业的师生，都可以通过本书提升自己借助商业智能工具挖掘数据价值的能力。

图书在版编目（CIP）数据

商业智能工具应用与数据可视化 / 王佳东，王文信编著. —北京：电子工业出版社，2020.8
（大数据及人工智能产教融合系列丛书）
ISBN 978-7-121-39232-0

Ⅰ. ①商… Ⅱ. ①王… ②王… Ⅲ. ①可视化软件 Ⅳ. ①TP31

中国版本图书馆 CIP 数据核字（2020）第 123919 号

责任编辑：米俊萍
印　　刷：北京捷迅佳彩印刷有限公司
装　　订：北京捷迅佳彩印刷有限公司
出版发行：电子工业出版社
　　　　　北京市海淀区万寿路 173 信箱　　邮编：100036
开　　本：787×1 092　1/16　印张：13　　字数：212 千字　　彩插：1
版　　次：2020 年 8 月第 1 版
印　　次：2020 年 8 月第 2 次印刷
定　　价：65.00 元

凡所购买电子工业出版社图书有缺损问题，请向购买书店调换。若书店售缺，请与本社发行部联系，联系及邮购电话：（010）88254888，88258888。

质量投诉请发邮件至 zlts@phei.com.cn，盗版侵权举报请发邮件至 dbqq@phei.com.cn。

本书咨询联系方式：mijp@phei.com.cn，（010）88254759。

编委会

丛书推荐序一

数字经济的思维观与人才观

大数据的出现，给我们带来了巨大的想象空间：对科学研究来说，大数据已成为继实验、理论和计算模式之后的数据密集型科学范式的典型代表，带来了科研方法论的变革，正在成为科学发现的新引擎；对产业来说，在当今互联网、云计算、人工智能、大数据、区块链这些蓬勃发展的科技中，主角是数据，数据作为新的生产资料，正在驱动整个产业进行数字化转型。正因如此，大数据已成为知识经济时代的战略高地，数据主权已经成了继边防、海防、空防之后，又一个大国博弈的空间。

实现这些想象空间，需要构建众多大数据领域的基础设施，小到科学大数据方面的国家重大基础设施，大到跨越国界的“数字丝路”“数字地球”。今天，我们看到清华大学数据科学研究院大数据基础设施研究中心已经把人才纳入基础设施的范围，组织编写了这套丛书，这个视角是有意义的。新兴的产业需要相应的人才培养体系与之相配合，人才培养体系的建立往往存在滞后性。因此，尽可能缩窄产业人才需求和培养过程间的“缓冲带”，将教育链、人才链、产业链、创新链衔接好，就是“产教融合”理念提出的出发点和落脚点。可以说，清华大学数据科学研究院大数据基础设施研究中心为中国大数据、人工智能事业发展模式的实践，迈出了较为坚实的一步，这个模式意味着数字经济宏观的可行路径。

作为中国首套大数据及人工智能方面的产教融合丛书，其以数据为基础，内容涵盖了数据认知与思维、数据行业应用、数据技术生态等各个层面及其细分方向，是数十个代表了行业前沿和实践的产业团队的知识沉淀。特别是在作者遴选时，这套丛书注重选择兼具产业界和学术界背景的行业专家，以便让丛书成为中国大数据知识的一次汇总，这对于中国数据思维的传播、数据人才的培养来说，是一个全新的范本。

我也期待未来有更多产业界的专家及团队加入本套丛书体系中，并和这套丛书共同更新迭代，共同传播数据思维与知识，夯实中国的数据人才基础设施。

郭华东
中国科学院院士

丛书推荐序二

产教融合打造创新人才培养的新模式

数字技术、数字产品和数字经济，是信息时代发展的前沿领域，不断迭代着数字时代的定义。数据是核心战略性资源，自然科学、工程技术和社科人文拥抱数据的力度，对于学科新的发展具有重要意义。同时，数字经济是数据的经济，既是各项高新技术发展的动力，又为传统产业转型提供了新的数据生产要素与数据生产力。

这套丛书从产教融合的角度出发，在整体架构上，涵盖了数据思维方式拓展、大数据技术认知、大数据技术高级应用、数据化应用场景、大数据行业应用、数据运维、数据创新体系七个方面，编写宗旨是搭建大数据的知识体系，传授大数据的专业技能，描述产业和教育相互促进过程中所面临的问题，并在一定程度上提供相应阶段的解决方案。丛书的内容规划、技术选型和教培转化由新型科研机构——清华大学数据科学研究院大数据基础设施研究中心牵头，而场景设计、案例提供和生产实践由一线企业专家与团队贡献，二者紧密合作，提供了一个可借鉴的尝试。

大数据领域人才培养的一个重要方面，就是以产业实践为导向，以传播和教育为出口，最终服务于大数据产业与数字经济，为未来的行业人才树立技术观、行业观、产业观，进而助力产业发展。

这套丛书适用于大数据技能型人才的培养，适合作为高校、职业学校、社会培训机构从事大数据研究和教学的教材或参考书，对于从事大数据管理和应用的人员、企业信息化技术人员也有重要的参考价值。让我们一起努力，共同推进大数据技术的教学、普及和应用！

谭建荣

中国工程院院士

浙江大学教授

前　言

千淘万漉虽辛苦，吹尽狂沙始到金。在企业数字化转型的淘金场上，商业智能好比一套优秀的淘金工具，可以帮助企业从数据狂沙中淘出知识金矿。商业智能问世二十余年，在企业中得到了广泛的应用，已经成为企业信息化的重要解决方案和技术手段。随着企业信息化水平的提高和业务需求的增长，将会有越来越多的企业使用商业智能来辅助决策，寻求可持续的数据价值和长久的企业发展。

与商业智能相比，数据可视化名气更胜。数据可视化既是商业智能的核心模块，也是具有成熟体系的独立领域。作为商业智能最核心的功能模块，数据可视化主要负责数据见解的前端展示，是商业智能产品的必备功能，能够实现商业智能最基本的目标，即将数据转化为知识。作为炙手可热的独立领域，数据可视化遵循一定的原则、方法和流程，具有"一图胜千言"的强大力量，能将复杂的数据信息以最直观的方式展现出来。

商业智能与数据可视化的价值已无须反复强调，如何应用则是关键。市场上不乏优秀的商业智能与数据可视化工具，如国外的 Tableau、PowerBI，国内的 FineBI 等。本书以 FineBI 为例介绍商业智能的应用场景和具体实现，在介绍概念、理论等内容的基础上，帮助读者熟悉商业智能工具 FineBI 的常用功能和操作，熟悉常用可视化图表的设计和制作，使读者逐渐掌握数据可视化的原则、基本流程和方法，提升数据分析思维能力，学会借助商业智能工具挖掘数据背后的商业价值。

本书读者对象

本书面向的对象非常广泛，无论是商业智能与数据可视化领域的 IT 人员、数据分析师、业务人员，还是其他领域具有数据分析与可视化需求的人员，无论是初学者还是具备一定经验的人员，都可以阅读本书。

本书配有全套PPT，可视化实践章节均设计了相应的习题，因此也适合作为各大高校商业智能或数据可视化等相关专业的教材，供广大师生教学使用。相关资料可在 https://www.fanruan.com/2020/bitooldown 上获取。

本书涵盖的内容

本书从商业智能与数据可视化的理论基础出发，重点介绍了商业智能工具FineBI的应用，以详细的操作实例贯穿可视化实践的思路和步骤，知识内容层层递进，体系完善。具体来说，本书涵盖的内容可以分为以下三个部分。

第一部分：理论基础，主要介绍相关的理论基础知识，包括商业智能和数据可视化的概念、价值、方法等内容。

第二部分：可视化入门，介绍数据可视化的准备阶段和基础的可视化操作，主要包括商业智能的处理过程与工具准备、表格与图表设计、图表操作与 OLAP 分析，以及仪表板设计。

第三部分：可视化进阶，主要介绍数据分析、可视化布局与配色、数据故事讲述，以及在企业中推广 BI 和培养数据人才等数据可视化的进阶技巧。

致谢

本书的完成离不开众多同事和专家的支持，在此对你们致以诚挚的感谢！

首先，特别感谢罗益德对本书的重要贡献，感谢你在写作材料收集和整理上付出的心血与精力。

其次，感谢 FineBI 的产品文档团队，丰富的帮助文档为本书提供了大量的实践案例参考。

最后，感谢帆软的袁华杰、梅杰，清华大学数据科学研究院大数据基础设施研究中心的孙雪，以及电子工业出版社的米俊萍对本书内容给予的宝贵修改建议，从而使我们能够不断地完善本书内容。

再次感谢帮助我们完成这本书的所有人，感谢你们！

由于作者水平有限，书中不足之处还望读者不吝指正。

作者

2020 年 3 月

目 录

第一部分 理论基础

第二部分 可视化入门

第一部分

理论基础

大数据时代的到来使企业的决策需求由经验驱动转向数据驱动，商业智能因此成为时下的信息化热词。作为商业智能的一项核心功能，数据可视化的概念早已深入人心，其价值不言而喻。有了商业智能与数据可视化，企业的数据问诊与决策支持不再是一道难题。

第 1 章　商业智能

商业智能问世二十余年，受到了广大企业的青睐与追捧，被广泛应用于企业的数据决策过程。然而，由于学术研究与企业应用存在一定的边界，并且商业智能最初的技术门槛使其更多地面向 IT 人员，加上我国的商业智能应用热潮滞后，尽管不少企业应用了商业智能，但很多人对商业智能仍有疑惑。商业智能到底是什么，有什么作用？什么样的企业需要商业智能？商业智能是不是数据分析的变体？围绕这些疑问，本章将对商业智能进行介绍，帮助读者建立对商业智能的初步认知。

本章主要内容：

- 商业智能的概念
- 商业智能的价值
- 商业智能的功能与技术
- 商业智能工具
- 商业智能与数据分析

1.1　商业智能的概念

商业智能（Business Intelligent，BI），也称为商业智慧或商务智能。早在 1958 年，IBM 的研究员 Hans Peter Luhn 便将“智能”定义为“对事物相互关系的一种理解能力，并依靠这种能力去指导决策，以达到预期的目标”。此后，BI 进入了大众视野。但是，由于技术、企业环境现状等因素的限制，BI 经历了一段漫长的探索期。

1996 年，知名咨询机构 Gartner 集团正式给出了 BI 的定义：一类由数据仓库（或数据集市）、查询报表、数据分析、数据挖掘、数据备份和恢复等部分组成的、以帮助企业决策为目的的技术及其应用。由此看出，BI 并不全是新的技术，它是对一些现代技术的综合运用。BI 技术为企业提供迅速分析数据的技术和方法，它可以收集、管理和分析数据，将数据转化为有价值的信息，并分发到企业各处，从而让企业决策有数可依，减少决策的盲目性，理性地进行企业管理和运营。从图 1-1 数据价值体现的角度来看，数据在转化为信息、升级为知识、升华成价值的过程中用到的种种技术和工具，就是 BI。

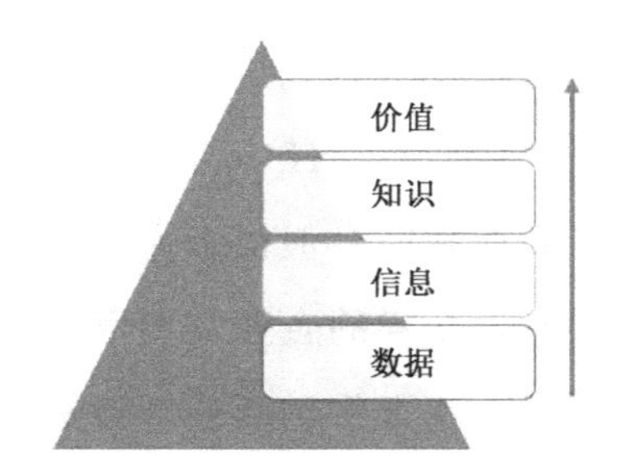

图 1-1　数据的价值体现

2013 年，Gartner 集团对 BI 的概念进行了更新与扩展，在“Business Intelligence”一词中加入了“Analytics”，合并成“Analytics and Business Intelligence”（ABI，分析与商业智能），并且纳入了应用、基础设施、工具、实践等多项内容，将其定义为“一个概括性术语，包含了应用、基础结构、工具，以及提供信息访问和分析以改进、优化决策表现的最佳实践”。如果说最初的 BI 还不够智能，其中的“Intelligence”翻译为“情报”可能更为恰当，那么，“Analytics and Business Intelligence”融合了计算机、统计学等相关知识，随着技术的发展，未来“Intelligence”将成为真正的“智能”。

考虑到国内外信息化水平的不同，为了更贴合我国的实际情况，2019 年 12 月，帆软数据应用研究院发布了《商业智能白皮书 1.0》[1]，在文献研究和企业调研的基础上，结合我国的市场环境，对 BI 做出了如下新的定义：

商业智能（BI）是利用数据仓库、数据可视化与分析技术，将指定的数据转化为信息和知识的解决方案，其价值体现为满足企业不同人群对数据查询、

1 http://bbs.fanruan.com/thread-126008-1-1.html。

分析和探索的需求，使企业实现对业务的监测和洞察，从而支撑企业管理决策，提升企业管理水平，提高企业业务运营效率，改进优化企业业务。

企业部署应用到实际生产环境中的 BI，通常称为数据决策系统、报表分析系统、数据分析项目等，我们在此统称其为 BI 系统。BI 系统一般采用三层技术架构，即数据底层、数据分析层、数据展示层，后面将详细介绍。

1.2　商业智能的价值

如前所述，BI 的价值在于满足企业不同人群对数据查询、分析和探索的需求，帮助企业实现业务监测、业务洞察、业务优化、决策优化甚至数据盈利。实现业务监测、洞察、优化及决策优化的前提是数据统一准确，BI 系统的上线会极大地推动企业数据标准的统一，解决数据孤岛等问题；否则，企业就无法实现业务监测、洞察，BI 也无法为企业运营和管理赋能。具体地，BI 价值体现在支撑管理决策、提升管理水平、提高业务运营效率和改进优化业务四个方面。

1.2.1　支撑管理决策

企业对数据驱动决策的需求促成了 BI 的诞生，因此，支撑管理决策是 BI 最核心的目的，也是其最直接的价值。

例如，某时装企业通过 BOSS 交互屏系统，可对已有的业务系统数据信息进行高效分析，并将分析结果展示在领导办公室的显示屏上，让领导直观、便捷地查看各管理部门的财务数据指标，合理调度配置资源。领导能在交互屏和移动端上直接查看该企业旗下 500 多个店铺的库存和财务数据。据业务部门反馈，上线 BI 系统后，领导再也没有通过电话的方式向其索要财务数据。同时，业务部门每次汇报可直接参照办公室交互屏，边汇报边操作，集中精力进行业务分析，从而减少了在查看报表、核对数据上花费的时间。

又如，某化工集团通过 BI 系统对全国各地的耕地面积和施肥量进行了分析。化肥的使用量与有效耕地面积和作物种类有直接的关系，所以，及时了解各地的耕地面积的变化和作物类型，对评估市场容量、制订市场政策有重要作用。

该集团的数据中心实现了与外部大数据平台的对接，能够及时展现全国各地耕地面积和施肥量需求的变化，从而为管理层制订地区布局和销售策略提供了有力的依据。

再如，某电气企业利用 BI 系统对销售渠道的维护与拓展进行了梳理和分析，按照时间维度与区域维度对拓展计划的达成率进行了统计和对比，并将渠道进行了分类，统计了不同渠道的销售额贡献情况，然后与投入的资源做对比，以此决定后续各渠道的资源投入占比，从而快速准确地定位无效渠道，避免资源浪费。

1.2.2 提升管理水平

在支撑管理决策的基础上，BI 还能够进一步帮助企业基于数据的透明和流程化，促进 PDCA 高效循环，并形成一定的激励机制，提升企业的管理水平。

例如，某医院的高层领导每年会给各科室分配年度收入任务，该医院在 BI 系统上设计了年度科室总收入 TOP10 报表，高层领导通过该报表发现积极优秀的科室后，可及时进行表彰，并开展经验交流分享，帮助其他科室进步。中层领导可在 BI 系统上根据自身科室的收入构成来进一步分析需要提高哪部分的收入，或者可发现部分收入异常，并进行调整。这样一来，医院的各级人员都有了明确的目标引导，整个医院的管理水平有了很大的改善。

又如，某连锁超市利用 BI 系统将 KPI 体系和赛马体系结合来进行运营管理，从而在强化管理的同时调动了业务部门的积极性和创造性。其中，KPI 体系主要用于上下级的任务分配，通过惩罚施加压力；赛马体系则用于同级之间的相互竞争，通过奖励引导积极性。另外，个人绩效奖惩和团队绩效奖惩并重，可激发业务部门的强大活力和创造力。

1.2.3 提高业务运营效率

除了管理层面的价值，BI 在业务层面也有出色的表现，最明显的是提高了企业的业务运营效率。业务运营过程中涉及的大量手工报表、人工统计、逐级取数等操作，都可以由 BI 系统来代替，这样既可以减少人为干涉错误，提高数据的准确性，又可以提高效率，节省时间成本。

例如，某行业一家领军企业的 OA 软件已经上线 13 年了，但企业在办事效率上并没有明显的提升，员工在软件原因和人为原因之间摇摆不定，争论不休。该企业信息中心主动承担需求，开发流程绩效分析报表，每天通过微信和短信推送流程执行排名，并将此排名和人事部门的绩效相结合。在改进工具和制度后，该企业的办事效率提高了 80%。

很多企业每月都有经营会议，使用 PPT 来复盘、分析工作的完成情况，但在执行操作时，往往会出现表面意义大于实际内涵的情况。花费大量时间和精力制作的 PPT 并不能保证数据的完全准确，而且这些数据无法进入数据仓库产生再利用价值。某化工企业利用 BI 工具进行了创新，让 IT 部门对月度经营分析报表进行信息化，并在每个会议室配备一个 iPad。在此后的月度经营会议中，报告者只需要打开 iPad，基于数字演讲即可，开会时间直接从月中提前到了月初。另外，某服装企业利用 BI 系统将数据打通，生成了实时报表，仅月报一项就减少了 20 个人的工作量。

1.2.4 改进优化业务

BI 提高业务运营效率主要是指改善数据的准确性，减少相应的人力成本。改进优化业务则是 BI 在业务层面更重要的价值，它使企业能够从业务本身出发，完善整个业务体系，从而提升业务价值。

例如，某电商公司为品牌商和零售商提供服务。作为服务商，核心竞争力在于提供优质的服务，但服务质量的评判成了一大难题。以前，该公司更多的是通过直观感受和个人经验进行评判，人为的评判结果可想而知。现在，该公司上线了 BI 系统，搭建了投诉分析模块，对每个部门制定了投诉指标。通过投诉分析模块，该公司可以实时查看当前各部门、各人员的被投诉数据和排名。量化后，下一步就是进行改善。该公司在 BI 系统上对被投诉原因进行分析并采取处理措施，经过近 1 年的努力，将月均投诉次数从 33 次减少到 7 次，降幅近 79%，而且月均投诉次数仍在持续下降中。可以说，BI 对公司整个业务的改进优化起到了决定性的作用。

又如，某集团年产值近 600 亿元，每年花在辅料采购上的费用高达 30 多亿元。该集团的辅料采购依赖一个经验丰富的采购员，因此，IT 部门将他的采购经验固化为一些分析报表，并嵌入采购系统中作为参考。经过一年的统计，在销售额不断增长的情况下，集团的辅料采购费用反而下降了 5.1 亿元，整个采购业务得到了极大的优化提升。

再如，某连锁零售企业利用 BI 有效地改善了生鲜业务运营过程中的库存盘点与出清、销售预测、产品定价等问题，实现了数字化生鲜运营，最终精简了 30%的非生鲜 SKU（库存量单位），并使生鲜折价损失额下降了 20%，线上订单数月环比增长了 65%，生鲜业务的价值得到了大幅度的提升。

1.3 商业智能的功能与技术

1.3.1 商业智能系统的功能架构

按照从数据到知识的处理过程，一般 BI 系统的功能架构如图 1-2 所示，分为数据底层、数据分析层和数据展示层三个功能层级。其中，数据底层负责管理数据，包括数据采集、数据 ETL、数据仓库构建等；数据分析层主要利用查询、OLAP（Online Analytical Processing，联机分析处理）、数据挖掘，以及数据可视化等分析方法抽取数据仓库中的数据并进行分析，形成数据结论；数据展示层用于呈现报表和可视化图表等数据见解。

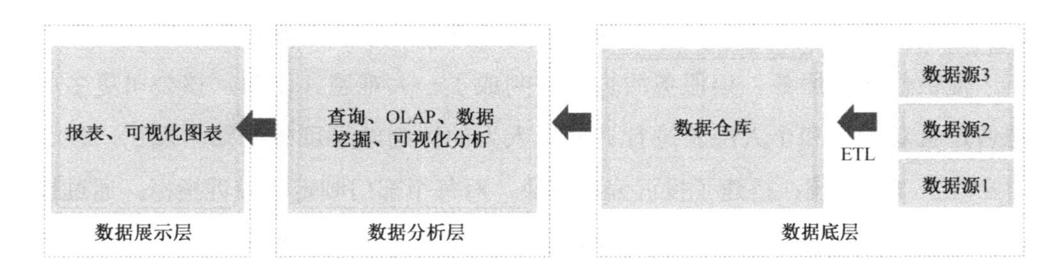

图 1-2 商业智能系统的功能架构

1.3.2 商业智能的主要技术

对照 BI 系统的功能架构，BI 的主要技术也可以分为展示类、分析类和支撑类三个层级，如图 1-3 所示。

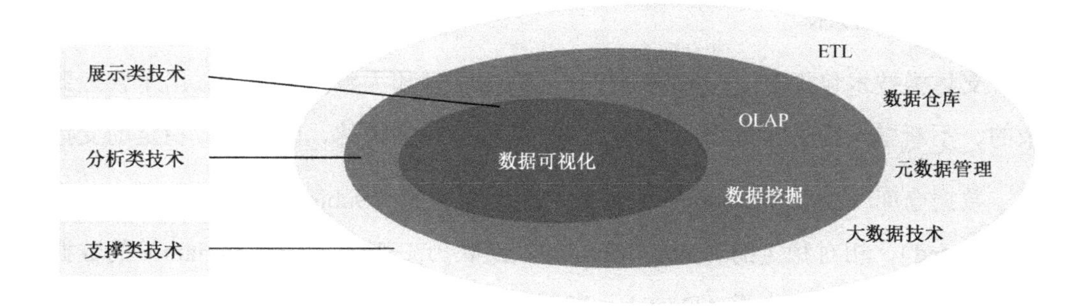

图 1-3　商业智能的主要技术

1. 展示类技术

BI 最核心的技术是展示类的数据可视化技术，抛开企业数据量级的不同和深度分析的需求，数据可视化技术能够满足最基本的 BI 目标，即将数据转化为信息并辅助决策。数据可视化的具体形式又分为报表和可视化图表两大类，其中，报表是我国大多数企业目前采用的数据展示形式。

数据可视化旨在借助图形化手段，清晰有效地传达与沟通信息。其基本思想是，将数据库中每个数据项用单个图元素表示，并将大量的数据集构成数据图像，同时将数据的各属性值以多维数据的形式表示，从而让企业从不同的维度观察数据，对数据进行更深入的观察和分析。例如，柱形图、折线图和饼图等一些基础的图表就可以直观地展示数据。当数据较为复杂时，可以通过复杂图表搭配多样的交互效果来将数据直观化。

2. 分析类技术

OLAP、数据挖掘等分析类技术能够基于现有数据帮助企业更深入地洞察。数据挖掘技术需要一定数据量的支撑，而企业不一定要等到数据量足够大时才应用 BI。结合我国企业的信息化现状，数据挖掘目前并不是 BI 系统的关键技术需求。

OLAP 主要关注多维数据库和多维分析。OLAP 委员会对 OLAP 的定义：使分析人员、管理人员或执行人员能够从多种角度对从原始数据中转化来的、真正为用户所理解并真实反映企业特性的信息进行快速、一致、交互的存取，从而更深入地了解数据的一类软件技术。

3. 支撑类技术

支撑类技术包括ETL、数据仓库、元数据管理和大数据技术等，用于管理繁杂的、不断增长的企业数据，为整个 BI 系统提供持续的、强力的、稳定的支撑。

数据仓库（Data Warehouse）是一个面向主题的（Subject Oriented）、集成的（Integrated）、相对稳定的（Non-Volatile）、反映历史变化（Time Variant）的数据集合，用于支持管理决策（Decision Making Support）。数据仓库的出现并不是要取代数据库。大部分数据仓库还是用关系数据库管理系统来管理的，数据库、数据仓库相辅相成、各有千秋。

ETL（Extract-Transform-Load）用来描述数据从来源端经过抽取（Extract）、交互转换（Transform）、加载（Load）至目的端的过程。它是构建数据仓库的关键环节。数据仓库主要为决策分析提供数据，所涉及的操作主要是数据查询，所以 ETL 在很大程度上受企业对源数据的理解程度的影响，也就是说，从业务的角度看数据集成非常重要。

大数据（Big Data）是无法在一定时间范围内用常规软件工具进行捕捉、管理和处理的数据集合，是需要在新处理模式下才能具有更强的决策力、洞察发现力和流程优化能力的海量、高增长率与多样化的信息资产。顾名思义，大数据技术就是收集、存储、处理、分析大数据的相关技术。当前大部分企业已满足大数据的 5V（Volume、Variety、Value、Velocity、Veracity）特征，因此，BI 引入大数据技术，旨在从大数据中快速获取价值。

元数据（Metadata）又称中介数据、中继数据，用于描述数据属性，是描述数据的数据（Data about Data），主要用于识别资源，评价资源，追踪资源在使用过程中的变化，实现简单高效的大量网络化数据的管理，实现信息资源的有效发现、查找、一体化组织和对使用资源的有效管理。由于元数据也是数据，因此，可以用类似数据的方法在数据库中进行存储和获取。

1.4　商业智能工具

调研发现，我国企业从业人员对 BI 的理解侧重于数据的分析和展示，BI 更多地被等同于数据分析与数据可视化[1]。因此，在大多数企业中，BI 更多地是指分析和前端展示工具，而不是一个完整的体系。因此，《商业智能白皮书 1.0》对商业智能工具给出如下定义：

商业智能工具（BI 工具）即狭义的商业智能，是指以数据可视化和分析技术为主，具备一定的数据连接和处理能力的软件工具，其可使使用者通过可视化的界面快速制作多种类型的数据报表、图形图表，并使企业不同人群在一定的安全要求和权限设置下，在 PC 端、移动端、会议大屏等终端上对数据进行查询、分析和探索。

按照技术发展和对用户需求的响应，当前 BI 工具可以分为报表式 BI 工具、传统式 BI 工具和自助式 BI 工具三类。

1. 报表式 BI 工具

报表式 BI 工具主要面向 IT 人员，适用于各类固定样式的报表设计，通常用来呈现业务指标体系，支持的数据量相对不大。国内的报表式 BI 工具于 1999 年左右起步，在 2013 年趋于成熟。由于国内企业对于格式的纠结和坚持，当前，我国非常多的企业对表格式报表仍然情有独钟，实现中国式复杂报表经常成为企业选型的重点需求。

报表式 BI 工具大多采用类 Excel 的设计模式，虽然其主要面向 IT 部门，但业务人员也能快速学习和掌握这类工具，并能在既定的数据权限范围内制作一些基本的数据报表和驾驶舱报表。例如，FineReport 自主研发的 HTML5 图表可以满足不同人群的视觉展示需求，也可以让业务人员进行一些简单的即席分析操作，如图表类型的切换、排序、过滤等。

---

1 详见《商业智能白皮书 1.0》。

2. 传统式 BI 工具

传统式 BI 工具同样面向 IT 人员，但侧重于 OLAP 与数据可视化分析。传统式 BI 工具以 Cognos 等国外产品为代表，其优势是可以应对较大的数据量并具有较好的稳定性，但其劣势也十分明显：数据分析能力和灵活性差。Forester 报告显示，在拥有传统式 BI 工具的企业或机构中，83%以上的数据分析需求无法得到满足，这就表明很多企业重金打造的 BI 系统几乎成了摆设，收效甚微。此外，项目耗资不菲、实施周期极长、项目风险大、对人才要求高等特征，也不利于传统式 BI 工具的推广和普及。

3. 自助式 BI 工具

由于传统式 BI 工具的缺陷屡遭诟病，以及业务人员数据分析的需求增长，自助式 BI 工具开始快速成长起来。自助式 BI 工具面向业务人员，追求业务与 IT 的高效配合，让 IT 人员回归技术本位，做好数据底层支撑；让业务人员回归价值本位，通过简单易用的前端分析工具，基于业务理解轻松地开展自助式分析，探索数据价值，实现数据驱动业务发展。

自 2014 年起，自助式 BI 工具迎来了高速发展期，可视化数据分析、Self-BI 在国内市场集中出现，传统式 BI 工具开始衰退。需要注意的是，自助式 BI 工具也有其适用范围，企业在选择时应综合考虑自身需求与自助式 BI 工具的特征。自助式 BI 工具主要有以下几项优势。

（1）处理数据量的灵活性。尽管传统式 BI 工具具备较好的大数据处理性能，但这对于一些数据量较小的企业来说会显得笨重。自助式 BI 工具则更加灵活，其具备大数据处理能力，且在面对较小的数据量时，分析更为轻松。

（2）产品采购的成本下降。采购传统式 BI 工具的成本偏高，还有一些额外的培训、服务咨询成本，而自助式 BI 工具只着重解决某些问题，不一定要大而全。

（3）项目周期缩短，人力成本降低。以前项目周期主要消耗在 ETL 处理、数据仓库建模和性能优化等方面。采用自助式 BI 工具后，建模的要求不再那么高，性能优化在大多数场景下也不再是问题。项目周期从以前的以月或年为单位快速地减少到以天、周、月为单位。

（4）IT 驱动逐步走向业务驱动。自助式 BI 工具可使 IT 人员只负责基础数据架构的整理和接口的开放维护，并可使业务人员快速地进行可视化分析和报表分析维护。

总而言之，当企业存在业务人员自主分析、解决重点关注问题、灵活应对小数据量业务、快速迭代项目周期等需求时，自助式 BI 工具将是一个明智的选择。

最后，需要注意的是，三类 BI 工具分别适用于不同的场景，不是相互替代的关系。它们将长期共存，供企业按需选择，直到信息化基础条件发生根本的改变。

1.5 商业智能与数据分析

商业智能和数据分析是两个容易混淆的概念。虽然它们之间存在不少类似的地方，商业智能工具也可以帮助业务人员进行数据分析，但数据分析绝不等同于商业智能。

数据分析是个过程，是个解决方式，对象常常是某个问题。比如要分析某次促销活动的效果，就需要对 UV、客单价、复购率等关键性的指标数据做监控，还需要和过去的活动进行对比，从数据库里寻找最佳对照组进行建模，在 SAS 里做统计分析。也就是说，数据分析利用数理统计等科学方法做假设验证，通常需要对指标进行分析对比、KPI 监控、异常指标分析，并预测趋势，最终生成结果报告。专业的数据分析工具有 R 语言、Python 语言等。

商业智能是一整套的解决方案，对象往往是企业的经营问题。其利用的是企业在日常经营过程中产生的大量数据，并将它们转化为信息和知识，从而让每个决定、管理细节、战略规划都有数据可参考。比如领导经常会关注销售、采购和财务状况，技术人员只要做好固定格式的数据报表（仪表板/数据看板），则领导打开就能查看，并且数据会自动更新。商业智能工具一般连接 ERP、CRM、MES 等业务系统的数据，并将这些数据有规则地汇总到数据仓库，则使用者可方便地制作业务主题相关的分析报表，以及对接大数据平台进行可视化的分析展示。

商业智能的作用：一方面将常规的分析过程固化下来并简化；另一方面让业务的自助分析更为方便快捷。简单来说，商业智能是一套有关数据的解决方案，入口是数据，出口也是数据或以数据为基础的报表，强调更多的是解决方案；数据分析则以人为主，是对数据仓库产出的数据或其他渠道产出的数据做分析的过程。前者强调怎么让数据合理地加工或呈现出来，后者强调如何通过数据发现问题，有一个探索和思考的过程，这个思考的过程是工具本身不能替代的。

思考

（1）商业智能是什么？它的概念经历了怎样的发展？

（2）商业智能有哪些价值？

（3）商业智能的主要技术有哪些？

（4）商业智能工具可以分为哪几类？

（5）商业智能和数据分析有什么区别？

第2章　数据可视化

数据可视化是商业智能最核心的一项功能，其能够满足最基本的商业智能目标，即将数据转化为信息并辅助决策。经过多年的发展，数据可视化自身已成为一个热门的领域。本章将介绍数据可视化相关的内容，带领读者感受“一图胜千言”的力量。

本章主要内容：

- 用数据讲故事
- 数据可视化介绍
- 数据可视化的应用

2.1　用数据讲故事

在第1章我们简单介绍了数据可视化的概念，即数据可视化用图形化的手段来让数据有效地传达信息。换句话说，数据可视化就是用数据讲故事。我们生活中常见的可视化作品如PPT、书籍中的插图、天气预报图等，它们都在讲故事，都在利用可视化这一方式帮助我们理解数据背后的意义。

2.1.1　数据背后的故事

什么是数据？从专业定义的角度来说，数据是对客观事件进行记录并可以鉴别的符号，是对客观事物的性质、状态及相互关系等进行记载的物理符号或这些物理符号的组合。概括来说，数据就是描述客观事物的符号，也就是我们现实世界的一个快照。

数据是一个广义的概念，其形式可以是数字，也可以是具有一定意义的文字、字母、图形、图像、视频、音频等。作为现实世界的一种映射，数据存在实际意义，或者说数据隐藏着故事。但是，数据本身是不会说话的，如果我们不知道自己想了解什么，或者能从数据中了解什么，那么，数据就只是一堆冰冷、枯燥且没有意义的数字或符号而已。

虽然数据本身具有很强的客观性，但数据背后的故事存在关于人的因素。我们会更关心自己所在城市的天气数据，更关心家乡的发展数据，而这些数据对于其他人来说，可能并没有任何意义。正是因为存在人的因素，数据背后的故事才更加重要。例如，“失业率上升5%”和“数十万人下岗失业”所带来的冲击力与情感共鸣是有区别的，前者并不能提供多少背景，而后者则具备更强的背景故事性。

2.1.2 视觉与图形的力量

当我们第一次去某个城市旅游，在多个景点之间轮换时，我们需要利用当地的交通系统：公交或地铁。这时我们会发现，路人的口述指引和网上搜索的一大段文字攻略都不如公交线路图和地铁线路图好用。线路图上不同的颜色表示了不同的路线，这样我们可以明确知道景点所在的位置，知道在哪里上车、在哪里换乘、在哪里下车，判断到达景点大致需要的时间，规划最优的景点游玩路线。庞大的公交系统或地铁系统就这样直观地展示在一张线路图上，传递出大量的信息。

那么，为什么数据可视化能够快速有效地传达数据中的隐藏信息呢？这主要归功于人类视觉与图形的力量。

首先，人类通过视觉接收信息的速度是非常快的。科学家们经过实验发现，人类视网膜能以大约 10Mbps 的速度传达信息，这一速度是其他感官接收信息速度的 10～100 倍。

另外，与处理数字不同，人的右脑对图像信息的处理速度非常快，是相同场景下处理数字速度的 100 倍以上。

这样一来，庞大的信息量通过图片的形式很快地被人接收，正如 David

McCandless 所说，“可视化是压缩知识的一种方式”。

2.1.3 讲什么故事

一个数据可以包含大量的信息，但表现出来的往往只是一个词语、数字、字母，或者图形符号。而借助数据可视化，我们可以提取数据中的信息，了解数据背后的故事。那么，我们利用数据能讲出什么样的故事呢？我们通过可视化可以从数据中发现哪些信息呢？总结来说，我们通过可视化可以从数据中发现关系、规律和异常三类信息。

关系指指标之间的关联关系或因果关系。例如，根据斯诺的霍乱地图，我们可以发现街道水泵和霍乱死亡之间的关联关系，从而判断出被污染的井水是霍乱传播的罪魁祸首。

数据中的规律也是我们比较关心的，例如，可从数据中发现销售额随季节变动的周期性，以及不同时间段网站访问量的波动等。

最后，一些异常的数据也值得我们关注。异常值不一定全是错误值，其有可能是人为造成的或有可能是偶然情况。异常可用于分析原因和监测状态等，例如，制造类企业就经常用到设备状态监测和异常分析功能。

2.2 数据可视化介绍

下面从数据可视化的框架、方法和流程三个方面介绍如何进行数据可视化。

2.2.1 数据可视化的框架

一个完整的数据可视化作品应具备数据处理、图形展示、图形映射、辅助信息四个模块，如图 2-1 所示。其中，数据处理模块主要用一些数据处理方法对数据进行加工；图形展示模块可决定使用的图形种类；图形映射模块则将数据映射成颜色、位置、大小等图形视觉特征；辅助信息模块用于添加一些辅助信息以帮助读者理解可视化作品。

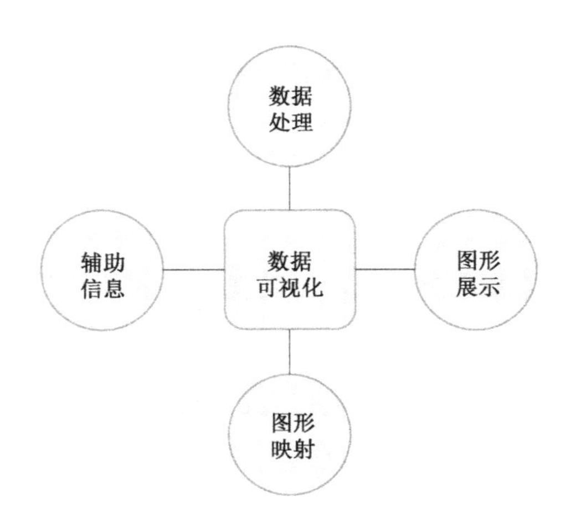

图 2-1　数据可视化的框架

例如，我们在统计某企业的员工年龄分布时，通过数据处理模块对年龄段进行分组、排序等；通过图形展示模块选择图形形状，如可以选择柱形图来展示年龄分布；通过图形映射模块将不同年龄段的柱子用不同的颜色加以区分；通过辅助信息模块调整相应的辅助信息，如加上图例、修改值轴单位等。最终，通过使用这四个模块，我们得到了完整的员工年龄分布可视化结果。

2.2.2　数据可视化的方法

按照不同的分类方式，数据可视化的方法类型也不同。从最终展示方式的角度来说，数据可视化的方法可以分为两类，即统计图表方法和图方法。

1. 统计图表

一般来说，数据可视化常用的图形有柱形图、折线图、条形图、饼图、面积图、玫瑰图、环形图、散点图、气泡图、雷达图、股价图、仪表盘、全距图、组合图、地图、甘特图、GIS 地图、圆环图、漏斗图、框架图、矩形树图、词云图等。每一大类又细分了多种形态，如柱形图包括堆积柱形图、百分比堆积柱形图、三维柱形图、三维堆积柱形图、三维百分比堆积柱形图等。图 2-2 所示为常见的统计图表样式示例，从左到右、从上到下依次为柱形图、玫瑰图、组合图、热力图、多系列柱形图、矩形树图、瀑布图、股价图、倒置面积图、多维条形图、对比柱状图、面积图、散点图、气泡图、力学气泡图和试管型仪表盘。

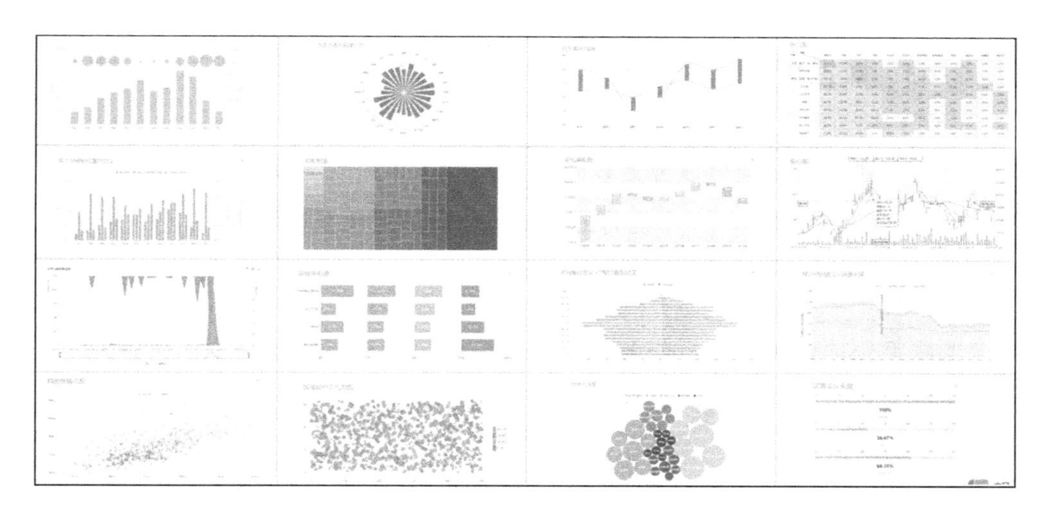

图 2-2　常见统计图表样式示例

2. 图

图方法也是数据可视化的一种重要方法。需要注意的是，这里提到的“图”与统计图表中的“图”不同，后者主要指带有形状的图形，前者则指描述现实世界中的关系和层级的图，如树状图、图论中的图、思维导图等。

（1）树状图。树状图是一种数据结构，用于表示数据中的层次关系。树由节点和父子关系构成，其按照父子关系从最顶端的根节点（也叫树根）向下展开，形成层次结构。

（2）图论中的图。图论（Graph Theory）是数学的一个分支，它以图为研究对象。图论中的图是由若干给定的点及连接两点的线所构成的图形，这种图形通常用来描述某些事物之间的某种特定关系，并用点代表事物，用连接两点的线表示相应两个事物间具有的特定关系。

（3）思维导图。思维导图又称脑图，是一种图像式的思维工具及一种图像式的思考辅助工具。思维导图使用一个中心关键词或想法引起我们对事物的形象化构造和分类；它用一个中心关键词或想法以辐射线连接所有的代表字词、想法、任务或其他关联项目。

根据可视化需求的不同，选择的数据可视化方法也应不同，其详细的选择过程将在后续章节介绍。

2.2.3 数据可视化的流程

数据可视化的流程可以分为以下五个步骤，但在实际操作中，数据可视化是一个反复迭代的过程，一个优秀的可视化作品需要反复打磨。

1. 明确问题

当着手一项可视化分析任务时，第一步要明确待解决的问题，也就是明确希望通过数据可视化实现怎样的目标。清晰的问题和目标能够避免后续过程出现不相关的操作。

2. 建立初步框架

明确了问题后，可以根据需要展现的数据选取基本的图形，并拟定可视化的形式，从而建立一个初步框架。

3. 梳理关键指标

这一步是要明确传达的信息，确定最能提供信息的指标。这是最关键的一个步骤，在梳理关键指标时，要充分了解数据库及每个变量的含义，必要时要创建一些新指标。

4. 选取合适的图表类型

不同的图形所适用的条件也不同，因此，在选择图形时，应针对目标选取最合适的。这样才有助于用户理解数据中隐含的信息和规律，从而充分发挥数据可视化的价值。

5. 添加引导信息

最后，在展示数据可视化结果时，可以利用颜色、大小、比例、形状、标签、辅助线等元素将用户的注意力引向关键的信息。例如，辅助线可以让用户快速地感知当前的数据处于什么水平。

2.3 数据可视化的应用

人类社会无时无刻不在产生数据，各领域都需要分析、交流数据，数据可视化早已渗透到人类生产生活的方方面面。

（1）商业领域。商业领域的很多地方都用到了数据可视化。例如，不少企业都配置了可视化仪表板、可视化大屏等来为领导层和业务管理人员提供关键的指标信息，帮助他们做出更科学、更有效的管理决策；电商平台利用网站点击的热力图来调整网站的布局排版，利用用户画像来进行个性化推荐；一些大型超市根据用户的浏览轨迹来调整商品布局等。

（2）工程领域。工程领域常用的数据可视化场景是工程绘图。不管是二维的还是三维的图形，利用计算机调整图形参数，工程人员能够进行动态和可视化的展现与模拟，并以此判断工程的可行性，从而及时进行调整优化。甚至一些企业利用计算机技术直接在可视化软件中对房屋进行装修设计、三维展示、各种元素搭配，通过 3D 效果图使装修效果一目了然，让房屋装修从此告别平面设计。

（3）文化领域。数据可视化在文化领域也有出色的应用。例如，新华网数据新闻联合浙江大学可视化小组研究团队打造了“宋词缱绻，何处画人间”项目[1]，该项目以《全宋词》为样本，挖掘描绘了宋朝那些闪光词句背后众多优秀词人眼中的大千世界。该项目历时半年，分析词作近 21000 首、词人近 1330 位、词牌近 1300 个，挖掘数据纬度涵盖词作者、词作所属词牌名、意象及其所承载的情绪。

（4）地理信息。地理信息可视化是我们非常熟悉的一种数据可视化形式，例如，我们日常出行经常会用到地图、交通图；企业的产品流向分析会用到流向图；政府部门会利用地理信息来分析人口变迁、人员流动等。

数据可视化的目的在于更直观、更便捷地传达数据中的信息，因此，在很多领域，都可以结合领域知识和其他技术来综合使用数据可视化技术，以便达到更好的效果。随着数据可视化技术的发展，数据的应用领域和应用场景会越来越多。

1 详见 http://fms.news.cn/swf/2018_sjxw/quansongci/index.html#/。

思考

（1）为什么数据可视化能够快速有效地发现并传达数据中的隐藏信息？

（2）数据可视化的方法有哪些？

（3）数据可视化的一般流程是什么？

（4）举出你知道的数据可视化应用的实例。

第二部分

可视化入门

本书在第一部分对商业智能和数据可视化的相关理论进行了介绍。接下来，本书将以FineBI为例，介绍商业智能工具的应用与数据可视化的具体实现。本部分将介绍可视化的入门知识，包括商业智能的处理过程、相关的工具准备，以及基础表格和图表的设计。

第3章　商业智能的处理过程与工具准备

工欲善其事，必先利其器。在使用商业智能工具进行数据处理和可视化分析之前，需要先了解商业智能的处理过程和相关工具的使用方法，从而为后续的可视化分析做好准备。

本章主要内容：

- 商业智能的处理过程
- 常用的商业智能工具
- FineBI 使用简介

3.1　商业智能的处理过程

一般来说，商业智能的处理过程与图 1-2 所示的功能架构一致。首先，从不同的数据源收集数据，经过清理、ETL 等操作，建成企业的数据仓库，为前端报表查询和决策分析提供数据基础。其次，选择合适的商业智能工具，抽取数据仓库中的数据并进行分析，形成数据结论，将数据转化为信息和知识。最后，通过数据可视化技术向用户呈现报表和图表等数据见解，辅助用户决策。

在商业智能的处理过程中，企业应用的商业智能工具一般不涉及数据底层的构建，而主要扮演数据分析和数据展示的角色。但是，要实现数据分析和数据展示功能，商业智能工具应具备一定的数据连接和加工能力，这也是商业智能工具定义的由来。因此，商业智能工具的处理过程一般分为数据连接、数据加工和数据可视化三个阶段：首先，与企业的数据库或数据仓库等形成连接，取出需要分析的数据；其次，对数据进行加工，如过滤、排序、计算新指标等；最后，通过数据可视化，利用报表或仪表板等展示形式，直观展示数据见解，提供相应的查询、钻取、维度切换等辅助功能，并支持 PC 端、移动端和数据大屏等不同终端的应用场景，如图 3-1 所示。

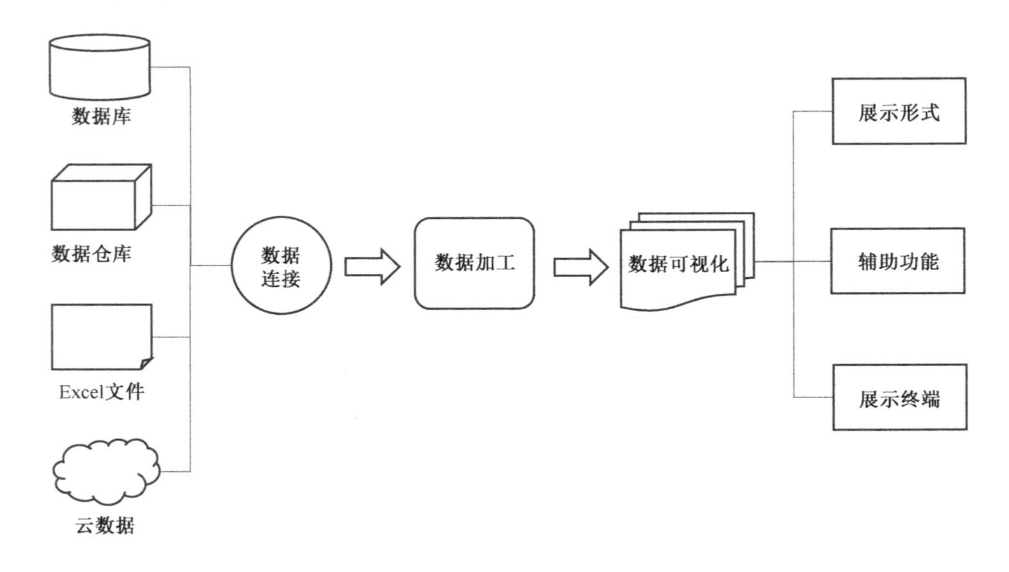

图 3-1　商业智能工具的处理过程

3.2　常用的商业智能工具

下面将介绍包括 Excel 在内的一些常用的商业智能工具。在 1.4 节介绍商业智能工具时，我们提到狭义的商业智能就是指以数据可视化和分析技术为主的商业智能工具，因此，商业智能工具和数据可视化工具在某些时候是相通的。

3.2.1　Excel

Excel 是 Microsoft Office 软件中的一款电子表格软件，可以说是我们最常用的可视化分析工具。Excel 通过工作簿（电子表格集合）来存储数据和分析数据。Excel 可生成诸如规划、财务等数据分析模型，并支持通过编写公式来处理数据和通过各类图表来显示数据。在 Excel 2016 及后续版本中，其内置了 Power Query 插件、管理数据模型、预测工作表、Power Privot、Power View 和 Power Map 等数据查询分析工具。

3.2.2　FineBI

FineBI 是帆软软件有限公司推出的一款商业智能产品，其本质是通过分析企业已有的信息化数据来发现并解决问题，从而辅助决策。FineBI 的定位是让业务人员/数据分析师自主制作仪表板，以便进行探索分析。其中，可视化探索分析是面向分析用户，让其以最直观快速的方式了解自己的数据并发现数据问题的模块。如图 3-2 所示，用户只需要进行简单的拖曳操作，选择自己需要分析的字段，几秒内就可以看到自己的数据，并且通过层级的收起和展开、下钻和上卷，可以迅速地了解数据的汇总情况。

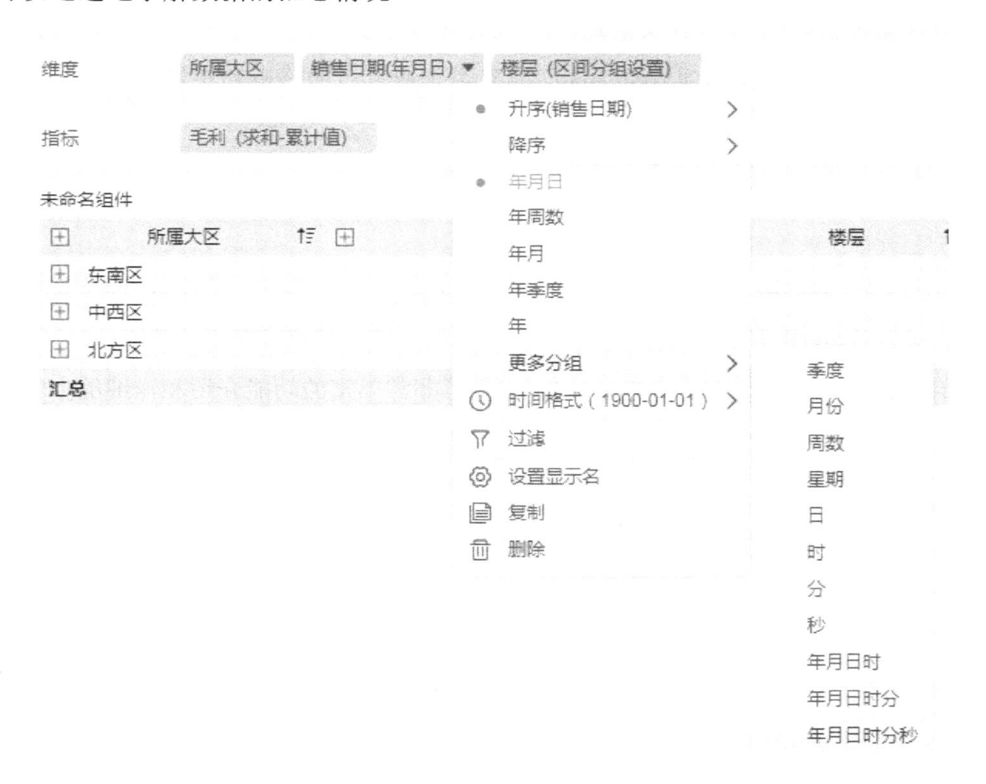

图 3-2　可视化探索分析

3.2.3　Tableau

Tableau 是一款具备数据可视化能力的商业智能产品，包括个人计算机所安装的桌面端软件 Desktop 和企业内部共享数据的服务器端 Server 两种形式。与

FineBI 相同，Tableau 的定位也是敏捷和自助式分析。它能够根据业务需求对报表进行迁移和开发，从而让业务分析人员独立自助、简单快速、以界面拖曳式的操作方式对业务数据进行联机分析处理、即时查询等。

3.2.4 PowerBI

Power BI 是微软旗下的一种基于云的商业数据分析和共享工具，用于在组织中提供见解。Power BI 简单且快速，能够从 Excel 电子表格或本地数据库创建快速见解，能把复杂的数据转化成简洁的视图。同时，Power BI 也可让用户进行丰富的建模和实时分析，以及自定义开发。因此，它既可作为用户个人的报表和可视化工具，也可作为项目组、部门或整个企业背后的分析和决策引擎。

3.3 FineBI 使用简介

本书以 FineBI 为例，介绍商业智能工具的应用与数据可视化的具体实现。本节仅对 FineBI 的使用做一个整体的介绍，一些具体的功能操作将在后续的章节详细描述。另外，FineBI 帮助文档[1]提供了非常丰富的功能介绍和详细的步骤说明，因此，本书中的部分操作和功能介绍将以对应的帮助文档链接的方式给出。

3.3.1 FineBI 下载、安装与启动

FineBI 支持安装在 Windows、Linux 和 Mac 三大主流操作系统上，FineBI 官网[2]提供了最新版本的安装包文件，如图 3-3 所示。其中，Windows 操作系统仅支持 64 位版本的安装包。同时，官网也提供了 FineBI 移动端应用的下载入口，用户可以根据自身需求进行选择。

另外，本书所使用的 FineBI V5.1 版本安装包可以在书籍配套的资料页面[3]下载。

1 https://help.finebi.com/。

2 www.finebi.com。

3 https://www.fanruan.com/2020/bitooldown。

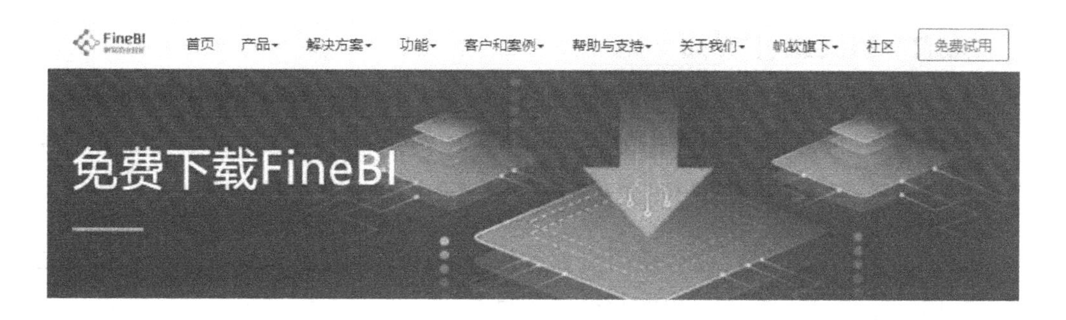

相关下载

移动端应用　历史版本下载

图 3-3　FineBI 下载页面

FineBI 的安装对操作系统的 CPU、JDK 版本、内存等均有要求。具体的系统要求和安装步骤可以参考 FineBI 帮助文档《FineBI 安装与启动》[1]。

安装成功后，可以通过单击桌面上的快捷图标，或者单击安装目录下的 FineBI 启动文件“%FineBI%/bin/finebi.exe”启动 FineBI。未注册时，启动 FineBI 会要求填写激活码，该激活码按照向导指引单击链接即可免费获取。FineBI 自身配置了 Tomcat 的服务器环境，FineBI 启动后，Tomcat 服务器开启，并自动弹出浏览器地址：http://localhost:37799/webroot/decision，从而可打开 FineBI。

1 https://help.finebi.com/doc-view-260.html。

3.3.2 FineBI 主界面

首次使用 FineBI 进行数据分析时，需要初始化系统，包括设置管理员账号和数据库，具体步骤可参考 FineBI 帮助文档《初始化设置》[1]。

完成初始化设置后，便可使用设置的用户名和密码登录 FineBI。FineBI 的主界面如图 3-4 所示。主界面分为菜单栏、目录栏、资源导航及右上角的消息提醒与账号设置四个区域。

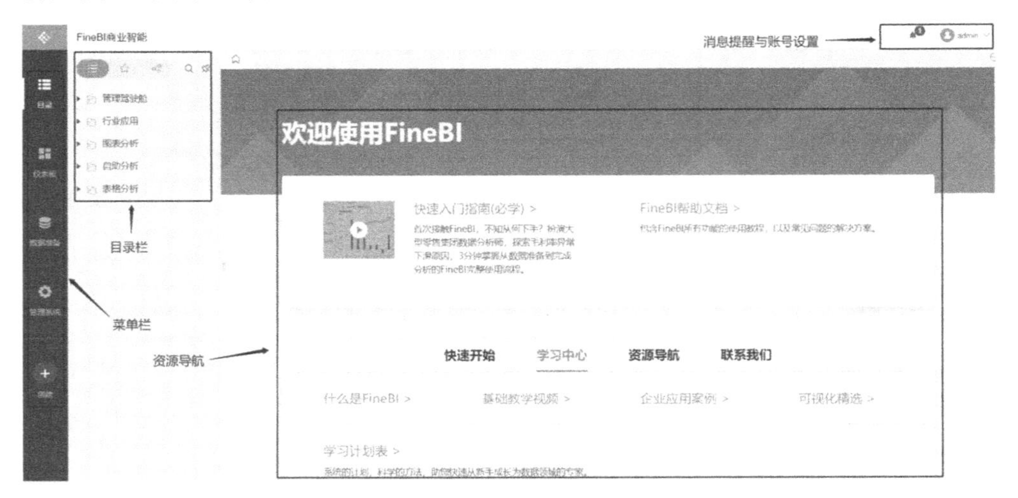

图 3-4　FineBI 主界面

1. 菜单栏

菜单栏设有“目录”“仪表板”“数据准备”“管理系统”“创建”五项功能菜单。打开 FineBI 后，默认选中“目录”菜单，并在右侧显示对应的目录栏。

“仪表板”菜单用于前端分析，作为画布或容器，可供业务人员创建可视化图表以进行数据分析。

“数据准备”菜单用于让管理员从数据库获取数据并准备数据，业务人员可对数据进行再加工处理，并可对业务包、数据表、自助数据集等资源进行管理。

“管理系统”菜单为管理员提供数据决策系统管理功能，支持目录、用户、外观、权限等的管理配置。

1 https://help.finebi.com/doc-view-262.html。

“创建”菜单可以让用户快捷地新建数据连接，添加数据库表，添加 SQL 数据集，添加 Excel 数据集，添加自助数据集，新建仪表板。

2. 目录栏

目录栏可通过单击展开或收起，展开后显示模板目录，选择对应模板单击即可查看相关内容。FineBI 在展开的目录栏上方提供了收藏夹、搜索模板、固定目录栏等功能选项。

3. 资源导航

资源导航区域提供了 FineBI 的产品介绍和入门教程等的资源入口，供用户参考、学习使用。

4. 消息提醒与账号设置

消息提醒会提示用户系统通知的消息，账号设置可以让用户修改当前账号的密码，也可以让用户退出当前账号以返回 FineBI 的登录界面。

3.3.3 FineBI 使用流程

按照数据的处理流程和操作角色的不同，使用 FineBI 进行数据分析与可视化的流程可以分为数据准备、数据加工、可视化分析三个阶段。其中，每个阶段又可以作为独立的一环，前一阶段的输出可以作为下一阶段的输入。另外，FineBI 针对企业级应用提供了系统管理功能，用于管理用户、权限等。FineBI 使用流程如图 3-5 所示，其中给出了每个阶段面向的操作对象和具体流程。

1. 数据准备

通常来说，企业中的数据主要存储在各类数据库中。数据准备旨在建立 FineBI 和业务数据库之间的连接，并对数据进行分类管理和基础配置，为数据加工和可视化分析搭建桥梁。FineBI 的数据准备过程包括新建数据连接、业务包管理和数据表管理。

（1）新建数据连接。FineBI 提供了各类数据库的连接接口，并且支持自定义数据库连接。系统管理员通过图 3-6 或图 3-7 所示的入口，单击“新建数据连接”按钮后，选择数据库类型并填写对应的数据库信息，即可创建 FineBI 到所选数据库的连接。详细步骤可参考 FineBI 帮助文档《配置数据连接》[1]。

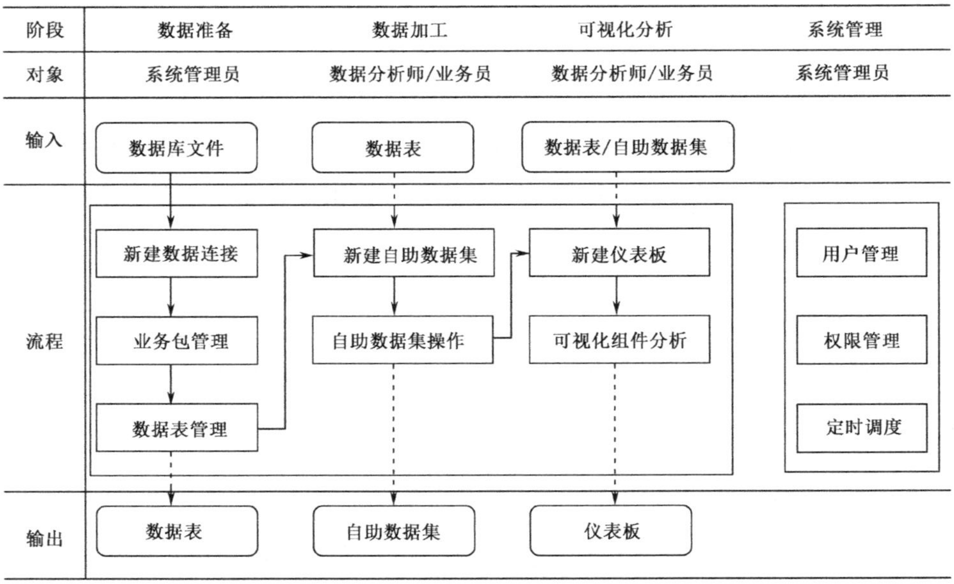

阶段
数据准备
数据加工
可视化分析
系统管理
对象
系统管理员
数据分析师/业务员
数据分析师/业务员
系统管理员
输入
数据库文件
数据表
数据表/自助数据集
流程
新建数据连接
业务包管理
数据表管理
新建自助数据集
自助数据集操作
新建仪表板
可视化组件分析
用户管理
权限管理
定时调度
输出
数据表
自助数据集
仪表板

图 3-5　FineBI 使用流程

FineBI商业智能
目录
仪表板
数据准备
管理系统
目录管理
用户管理
权限管理
模板管理
外观配置
系统管理
定时调度
移动平台
注册管理
智能运维
数据连接
插件管理
数据连接管理
连接池状态
新建数据连接
FRDemo
BI Demo

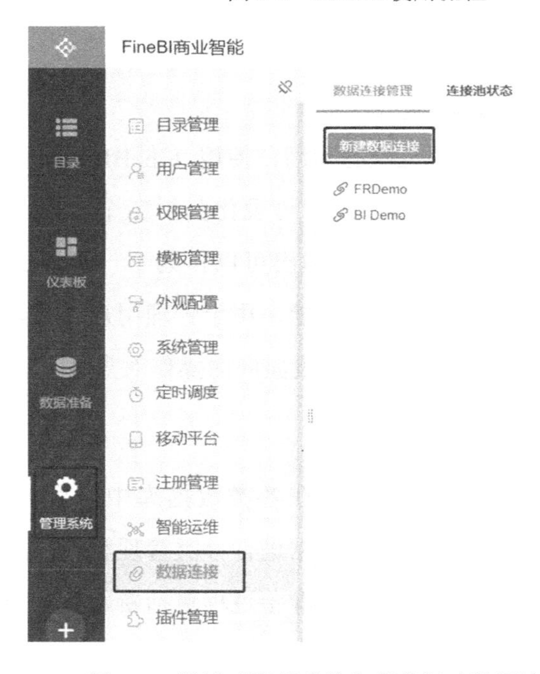

图 3-6　通过“管理系统”菜单新建数据连接

1 https://help.finebi.com/doc-view-94.html。

图 3-7　通过“创建”菜单新建数据连接

（2）业务包管理。为了让可视化分析过程更有条理，更贴合企业的数据运营管理过程，FineBI 提供了业务包管理功能。在建立好与数据库的连接后，可以基于不同的业务主题创建不同的业务包来对数据表进行分门别类的存放与管理。

如图 3-8 所示，进入 FineBI，单击左侧的“数据准备”菜单即可看到以业务包形式展示的数据列表，用户可以对业务包进行添加、分组、重命名、删除等操作。详细信息见 FineBI 帮助文档《业务包管理》[1]。

（3）数据表管理。数据表管理指在业务包中添加已有数据连接中的数据库表或上传 Excel 数据表，并且对数据表进行编辑、关联配置、血缘分析等操作，以供后续业务人员使用。图 3-9 所示为数据表管理界面，详细的操作介绍见 FineBI 帮助文档《数据表管理》[2]。

1 https://help.finebi.com/doc-view-39.html。

2 https://help.finebi.com/doc-view-43.html。

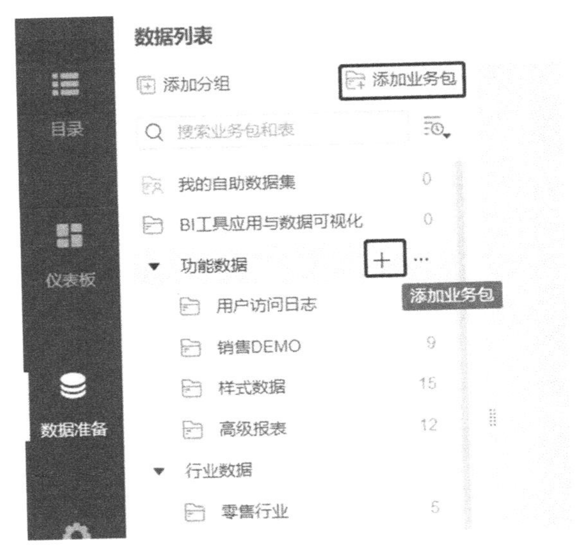

图 3-8　业务包管理

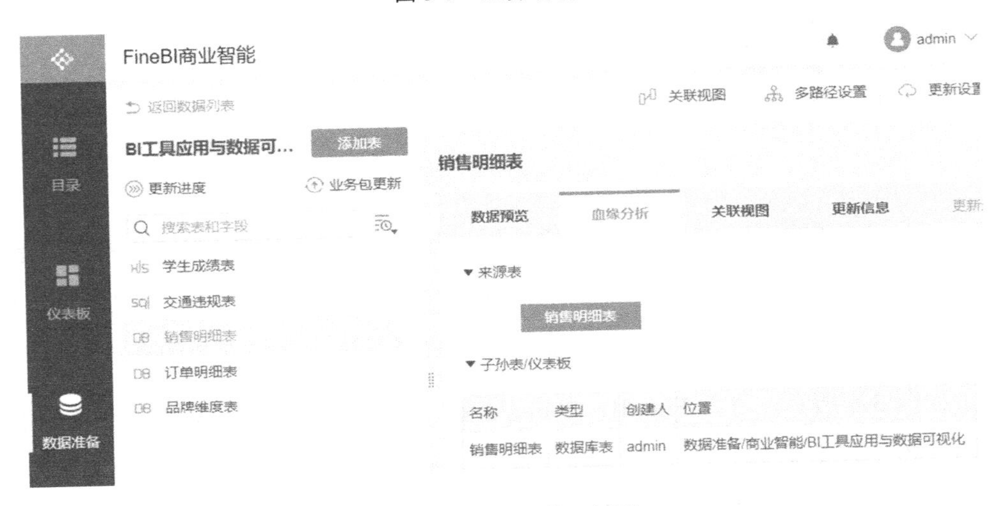

图 3-9　数据表管理界面

2. 数据加工

一般情况下，仅通过原始数据表并不能直接得到想要的数据结果，还需要对数据进行相应的加工处理。针对数据加工处理的需求，FineBI 重点打造了自助数据集功能，用于将基础数据表加工处理成后续可视化分析所需的数据集。数据加工过程包括新建自助数据集和自助数据集操作。

（1）新建自助数据集。业务人员通过创建自助数据集对管理员已创建的数据表进行字段选择，并可对数据进行再加工处理等操作，保存后可供前端分析使用。进入 FineBI 某一业务包，在数据表管理界面单击“添加表”按钮，选择“自助数据集”即可向该业务包中添加自助数据集，如图 3-10 所示。另外，也可以在“创建”菜单中快捷添加自助数据集。

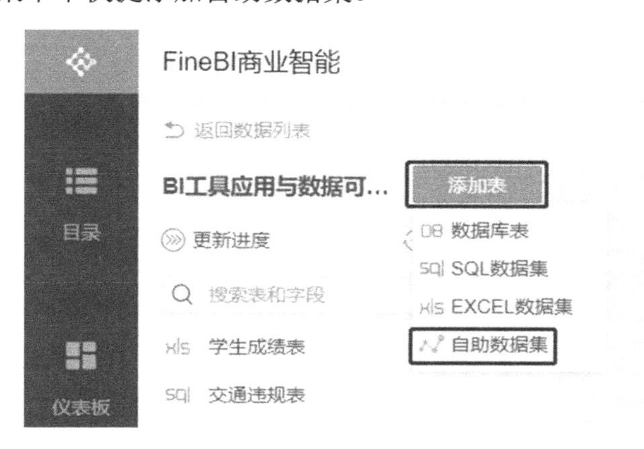

图 3-10　新建自助数据集

（2）自助数据集操作。新建自助数据集后，第一步便是根据自身的需求选择数据表字段。完成后，可以对自助数据集进行一系列的基础管理，并且可以对自助数据集中的数据进行加工，包括过滤、新增列、分组汇总、排序、合并等，详细介绍见 FienBI 帮助文档《自助数据集操作》[1]。

3. 可视化分析

FineBI 中的数据可视化分析是通过可视化组件和仪表板来实现的。因此，FineBI 提供了仪表板工作区和可视化组件工作区，作为数据分析和可视化展示的区域。相应地，FineBI 的可视化分析阶段包含新建仪表板和可视化组件分析两个流程。

（1）新建仪表板。仪表板是图表、表格等可视化组件的容器，能够满足用户在一个仪表板中同时查看多个图表、将多个可视化组件放到一起进行多角度交互分析的需求。

仪表板工作区用于设计仪表板的组件排版和样式属性等。

如图 3-11 所示，进入 FineBI，单击左侧的“仪表板”菜单，再单击“新建

1 https://help.finebi.com/doc-view-505.html。

仪表板”选项，设置仪表板名称和位置后单击“确定”按钮，如图 3-11 所示，进入如图 3-12 所示的仪表板工作区界面。

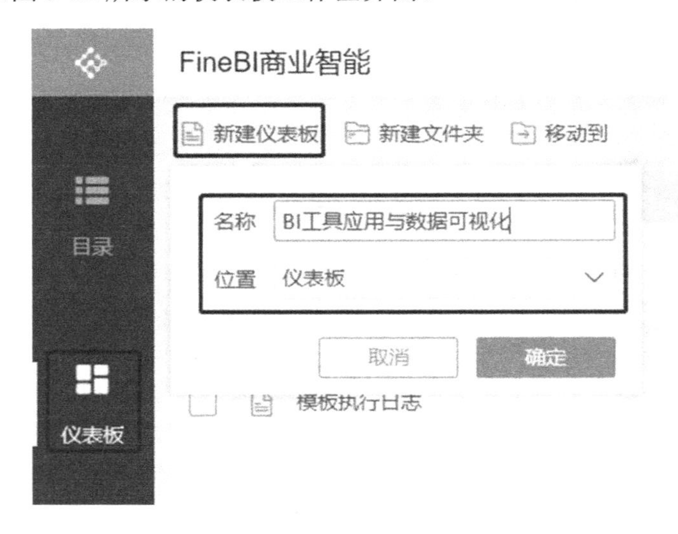

图 3-11　新建仪表板

如图 3-12 所示，仪表板工作区分为组件管理栏、菜单栏、组件展示与排版区域三个区域。

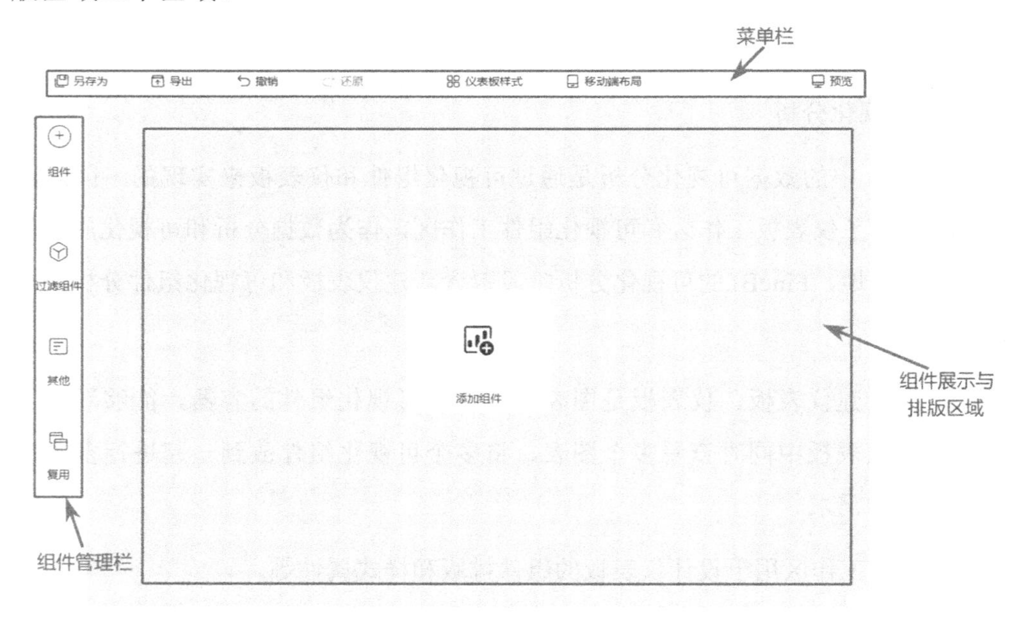

图 3-12　仪表板工作区界面

组件管理栏用于向仪表板中添加图表组件、过滤组件及展示组件等，还可以用于在仪表板中复用已有的组件。

菜单栏用于预览、导出仪表板及调整仪表板样式等。

组件展示与排版区域则显示了当前仪表板中已经添加的可视化组件（空白仪表板仅在中间位置设置了“添加组件”按钮），用户可以在这个区域对组件进行排版和调整。

（2）可视化组件分析。可视化组件是 FineBI 中进行数据可视化分析展示的工具，可让用户通过添加来自数据表的维度、指标字段，以及使用各种表格和图表类型来展示多维数据可视化分析的结果。

可视化组件工作区用于设置可视化组件，包括设置可视化组件的类型、维度、指标、属性和样式等。

仪表板和可视化组件间通过数据表连接，用户可以在仪表板工作区单击“组件”按钮，或者在数据表管理界面单击“添加组件”按钮进入可视化组件工作区。

可视化组件工作区如图 3-13 所示，其分为待分析维度、待分析指标、图表类型、属性/样式面板、横纵轴及图表预览 6 个区域。

“待分析维度”和“待分析指标”区域用于存放所选数据表的各字段，FineBI 会自动识别维度字段和指标字段并显示在对应的区域。

“图表类型”区域用于选择可视化图表的类型。

“属性/样式面板”区域用于调整图表组件的属性和样式参数。

“横纵轴”区域用于选择图表中所需要分析的数据字段，直接把这些字段从“待分析维度”和“待分析指标”区域拖入即可，当“图表类型”选择表格时，该区域显示为“维度/指标”。

“图表预览”区域用来展示可视化分析结果，该结果会随用户的操作进行相应的调整。

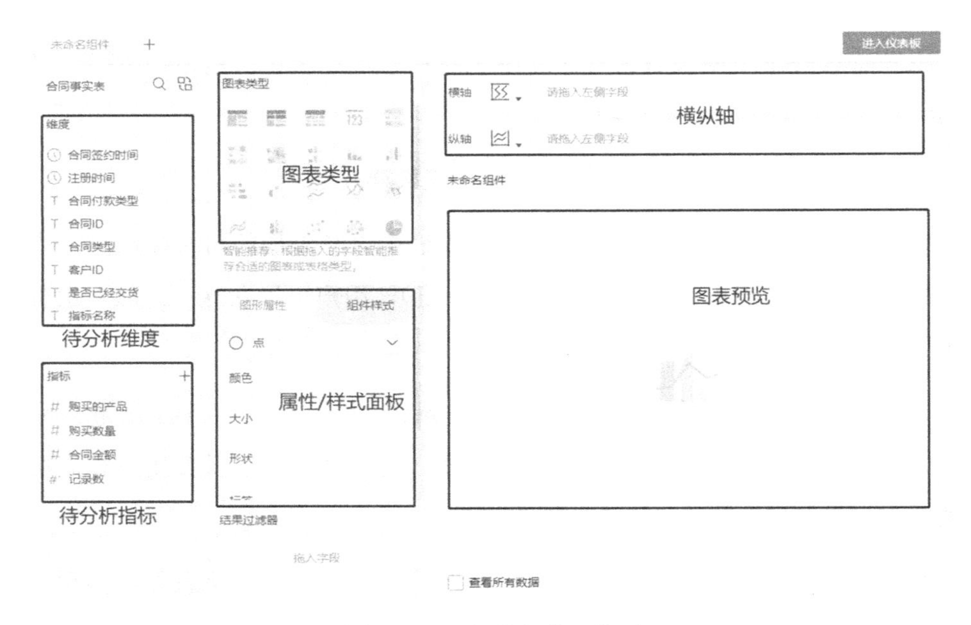

图 3-13　可视化组件工作区

4. 系统管理

管理系统用于管理员对 FineBI 进行属性配置，包括用户管理、权限管理和定时调度等功能，如图 3-14 所示。对管理系统的详细介绍见 FineBI 帮助文档《管理系统》[1]。

图 3-14　管理系统界面

1 https://help.finebi.com/doc-view-168.html。

（1）用户管理。管理员可对企业的用户进行部门、岗位、角色等员工信息的分配管理。

（2）权限管理。管理员通过设置系统的安全规则或安全策略来对各用户的权限范围进行管理。用户能且仅能访问被授予权限的内容。

（3）定时调度。管理员可快捷地设置日报、月报、季报、年报等任务，系统将定时生成结果并发送给相关人员。

思考

（1）商业智能和商业智能工具的处理过程分别是什么？

（2）常用的商业智能工具有哪些？

（3）在 FineBI 的主界面可以实现哪些功能？

（4）FineBI 的使用流程主要分为几个步骤，每个步骤的作用是什么？

第 4 章　表格与图表设计

表格与图表是数据可视化最基础和最常用的形式，不同的表格与图表适用的场景不同。本章将围绕具体的应用场景介绍各类表格与图表的设计制作方法。

本章主要内容：

- 表格
- 可视化图表

4.1　表格

表格作为一种传统的数据展示形式，适用于需要直观地展示数据统计结果或展示明细数据的场景。FineBI 包含分组表、交叉表和明细表三类数据表格，其中，分组表和交叉表都是具有统计功能的表格，明细表则用于直接呈现明细数据。表格制作完成后，可以在“属性/样式面板”区域调整表格属性和样式，表 4-1 对表格支持的属性与样式进行了简单的描述，详细的描述见 FineBI 帮助文档《表格属性》[1]和《表格组件样式》[2]。

在表 4-1 所列的属性与样式中，三种不同类型的表格支持的属性相同，但支持的样式存在一定的差别，我们将一些差别总结在表 4-2 中。下面我们以具体的应用场景为例，介绍如何用 FineBI 通过简单的单击、拖曳来制作这三类表格。

---

1 https://help.finebi.com/doc-view-124.html。

2 https://help.finebi.com/doc-view-125.html。

表 4-1　表格属性与样式描述

属性/样式		描　　述
属性	颜色	设置指标字段值的颜色，支持按条件设置
	形状	设置字段值旁边的图标标记，支持按条件设置，图标标记支持调整形状和颜色
样式	标题	设置表格组件的标题样式，包括标题内容、背景和是否显示标题
	表格字体	设置表头和表身的字体样式，默认为自动
	风格	设置表格的展示类型、风格和主题色
	合计行 / 列	设置是否显示表格的合计行 / 列、显示位置、合计方式
	格式	设置表格的行高、分页行数、分页列数、是否显示序号、是否展开行表头节点和是否展开列表头节点，行 / 列表头节点默认不展开
	背景	设置表格组件的整体背景，支持颜色和图片两种方式
	交互属性	设置是否冻结表格维度、是否联动传递过滤条件及是否冻结首列，默认为是

表 4-2　不同类型表格支持的样式

样　　式		分组表	交叉表	明细表
风格	类型	√	√	×
	风格	√	√	√
	主题色	√	√	√
合计行 / 列	合计行	√	√	×
	合计列	×	√	×
格式	行高	√	√	√
	分页行数	√	√	×
	分页列数	×	√	×
	显示序号	√	√	√
	展开行表头节点	√	√	×
	展开列表头节点	×	√	×
交互属性	冻结表格维度	√	√	×
	联动传递过滤条件	√	√	×
	冻结首列	×	×	√
其他样式		√	√	√

4.1.1 分组表：统计不同合同类型和付款类型下的合同金额

分组表是由一个行表头维度和数值指标数据组成的分组表格。分组表按照行表头拖曳的维度分组，对指标内的数据进行汇总统计。

例如，某公司有四种不同类型的销售合同，签订合同时，客户可以选择一次性付款或分期付款。为了了解不同合同类型和不同付款类型下的合同金额，可以用分组表来统计和展示数据，具体步骤如下。

（1）打开 FineBI，单击“仪表板”菜单，再单击“新建仪表板”选项来新增一个仪表板，打开后单击“添加组件”按钮，选择内置“销售 DEMO”业务包中的“合同事实表”选项，如图 4-1 所示，单击“确定”按钮进入可视化组件工作区。

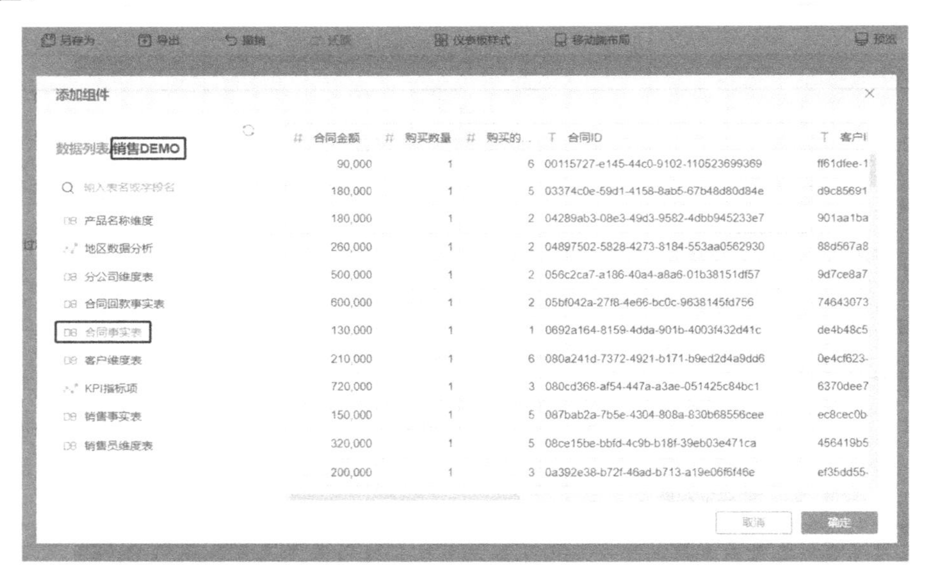

图 4-1　选择“销售 DEMO”业务包中的“合同事实表”[1]

（2）在“图表类型”区域选择“分组表”选项。

（3）从“待分析维度”区域选择“合同类型”“合同付款类型”字段（支持

---

1 除特别指明外，本书所有表示各类金额（包括销售额、毛利等）的数字的单位均为“元”。为了与软件界面保持一致，本书不再在相应图表中添加单位。另外，本书一些图表的表示有些许不规范，但为了与软件界面保持一致，本书对这些图表也不做修改。

多选）并拖曳至“维度”区域；从“待分析指标”区域选择“合同金额”字段拖曳至“指标”区域（对一些指标，软件默认选择“求和”汇总方式）。

（4）“数据预览”区域已经展示了做好的分组表，此时行表头节点为收起状态，只能看到不同合同类型下的总金额，如图 4-2 所示。

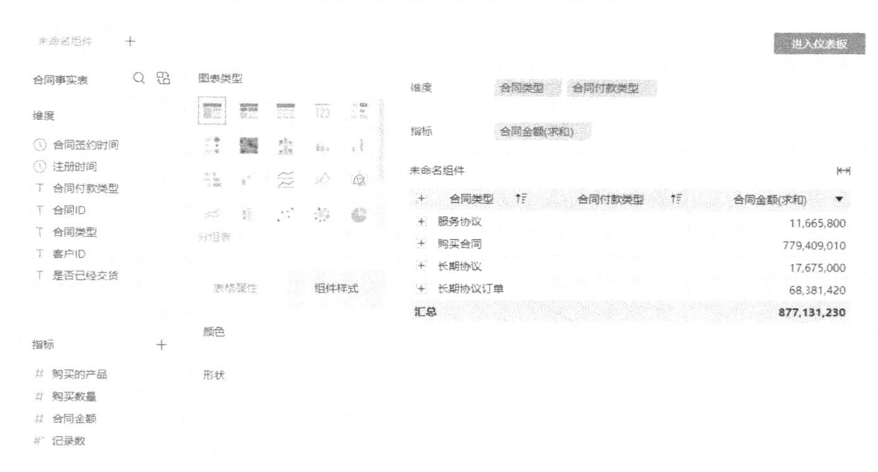

图 4-2　创建分组表

（5）为了查看不同付款类型下的合同金额数据，可以在“图表预览”区域单击“合同类型”列左侧的“+”符号来展开行表头节点，从而展示完整的分组统计数据（此操作为一次性的，再次调整表格后会重新收起行表头节点）。如果想让行表头节点保持展开状态，可以在“组件样式”面板下单击“格式”菜单，勾选“展开行表头节点”复选框，如图 4-3 所示。

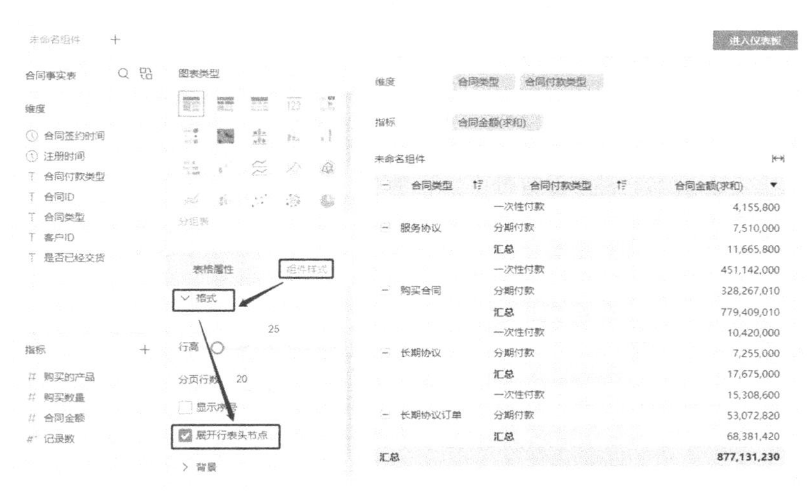

图 4-3　展开行表头节点

（6）为了更直观地判断四种合同类型下不同付款类型的合同金额是否达标，可以将合同金额的颜色设置为按条件显示。将“待分析指标”区域的“合同金额”字段拖曳至“表格属性”面板下的“颜色”栏中，单击“颜色”栏，再单击“添加条件”按钮，将“小于 10000000”的合同金额设置为“红色”，“大于等于 10000000”的合同金额设置为“绿色”，如图 4-4 所示。

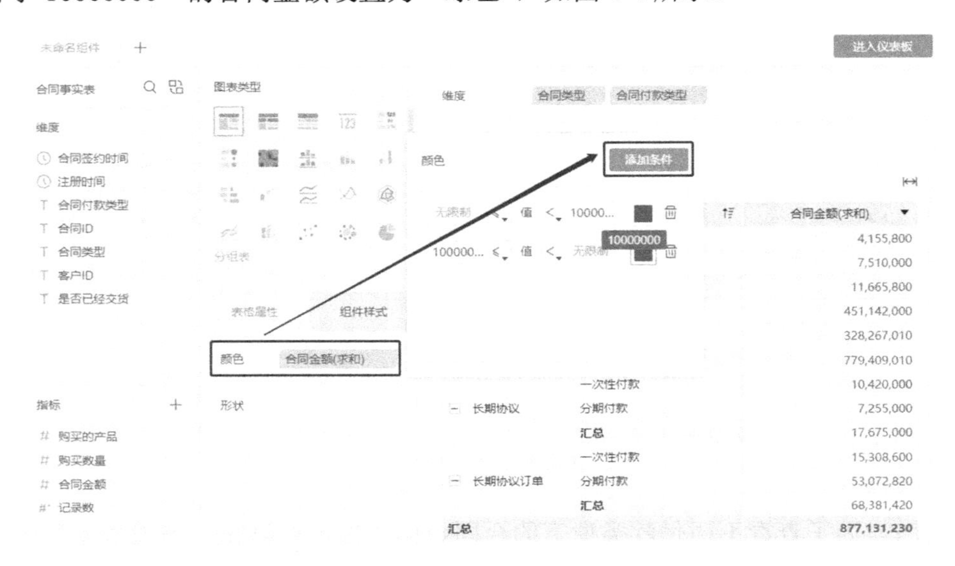

图 4-4　调整颜色属性

（7）最后，切换到“组件样式”面板，在“合计行”菜单中，取消勾选“显示合计行”复选框，再单击“标题”菜单，将表名修改为“分组表”，这样分组表就制作完成了，最终结果如图 4-5 所示。

图 4-5　分组表

如果还想在表格中增加指标或维度字段的统计，可以直接将该指标或维度字段拖至“指标”或“维度”区域；若不想再次展示已添加的字段，直接拖走或单击相应字段选择“删除”即可。

4.1.2　交叉表：统计不同年份下不同合同类型和付款类型的合同金额

交叉表指由行表头、列表头及数值区域组成的较为复杂的报表。例如，在 4.1.1 节的示例场景中，如果想在“维度”区域再增加一个年份字段来统计各年度的合同金额，使用分组表的话只能加在行表头，导致分组的层数较多，显示的数据条数也会过多。在这种情况下，可以使用交叉表，将“合同签约时间”作为列表头进行数据展示，具体步骤如下。

（1）同 4.1.1 节，添加组件后选择内置“销售 DEMO”业务包中的“合同事实表”选项。

（2）在“图表类型”区域选择“交叉表”选项。

（3）从“待分析维度”区域选择“合同类型”“合同付款类型”字段（支持多选）拖曳至“行维度”区域，从“待分析维度”区域选择“合同签约时间”字段（时间分类选择“年”）拖曳至“列维度”区域，从“待分析指标”区域选择“合同金额”字段拖曳至“指标”区域，结果如图 4-6 所示。

图 4-6　创建交叉表

（4）切换到“组件样式”面板，单击“格式”菜单，勾选“展开行表头节点”复选框；再单击“合计行”菜单，取消勾选“显示合计列”复选框。

（5）通过单击“组件样式”面板下的“标题”菜单，将表名修改为“交叉表”并居中显示，最后单击表名右侧的“|↔|”符号设置列宽等分，这样交叉表就制作完成了，如图 4-7 所示。

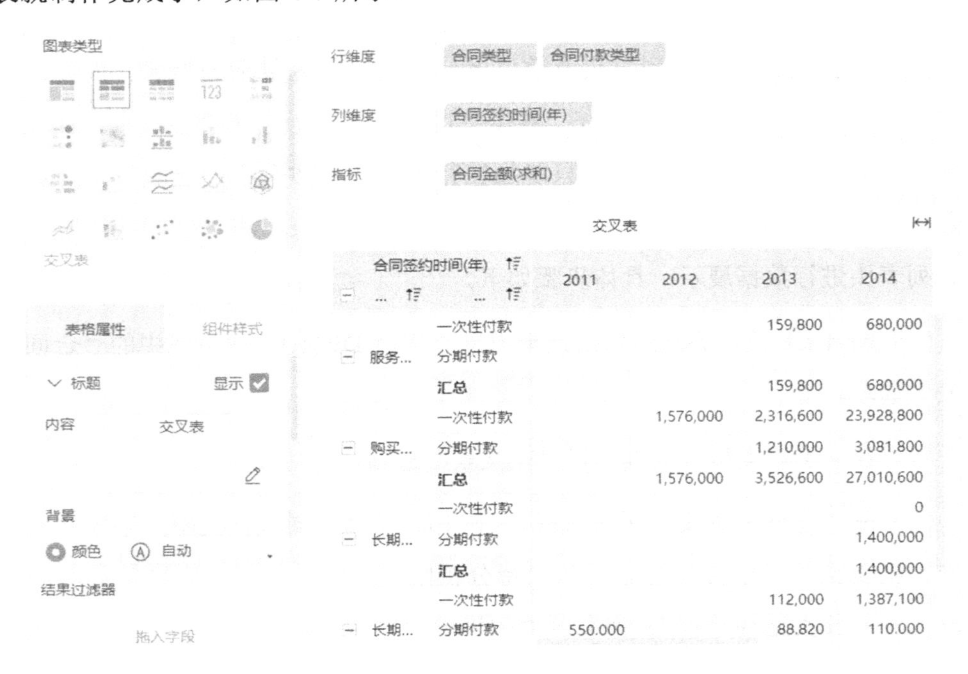

图 4-7　交叉表

4.1.3　明细表：统计合同签约明细数据

明细表顾名思义，是展示所有明细数据，将每条数据都罗列出来的明细表格。例如，某公司希望了解每天不同类型的合同的签约情况，此时就可以使用明细表来展示，具体步骤如下。

（1）添加组件，选择内置“销售 DEMO”业务包中的“合同事实表”选项。

（2）在“图表类型”区域选择“明细表”选项。

（3）从“待分析维度”区域选择“合同签约时间”“合同类型”“合同付款类型”字段拖曳至“数据”区域，从“待分析指标”区域选择“合同金额”字段拖曳至“数据”区域，如图 4-8 所示。

分组表　交叉表　未命名组件　+　进入仪表板

合同事实表　图表类型　数据：合同签约时间(年月日)　合同类型　合同付款类型　合同金额

维度：合同签约时间　注册时间　合同付款类型　合同ID　合同类型　客户ID　是否已经交货

指标：购买的产品　购买数量　合同金额

明细表　表格属性　组件样式　颜色　形状　结果过滤器　明细表状态下不可用

未命名组件

合同签约...	合同类型	合同付款...	合同金额
2017-03-07	购买合同	一次性付款	90,000
2017-07-09	购买合同	一次性付款	180,000
2017-09-19	购买合同	一次性付款	180,000
2017-03-30	购买合同	一次性付款	260,000
2017-07-27	购买合同	一次性付款	500,000
2016-09-21	购买合同	分期付款	600,000
2016-04-07	购买合同	一次性付款	130,000
2017-03-27	服务协议	一次性付款	210,000
2017-08-05	购买合同	一次性付款	720,000
2016-03-12	购买合同	一次性付款	150,000
2017-05-13	购买合同	分期付款	320,000
2016-08-05	购买合同	一次性付款	200,000
2017-01-05	长期协议订单	一次性付款	270,000

共 668 条数据　1 /7

图 4-8　创建明细表

（4）为了更直观地定位每天的合同金额是高于还是低于设定的目标值，可以通过“表格属性”面板下的“形状”栏进行设置。将“合同金额”字段从“待分析指标”区域拖曳至“形状”栏，单击“形状”栏，选择形状“↙ = ↗”，并将固定值设置为“200000”，如图 4-9 所示。

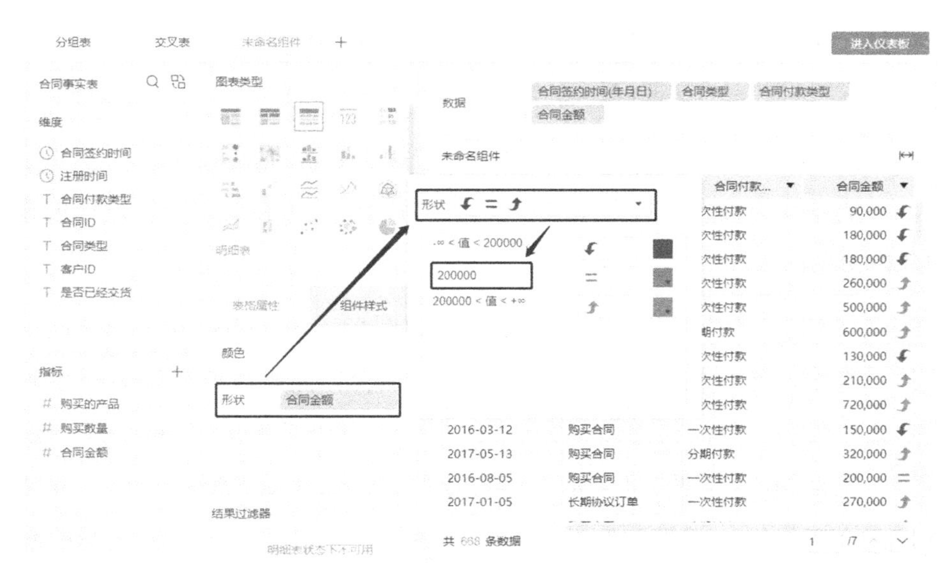

图 4-9　调整形状属性

（5）最后，单击“组件样式”面板下的“标题”菜单，将表名修改为“明细表”，这样明细表就制作完成了，如图 4-10 所示。

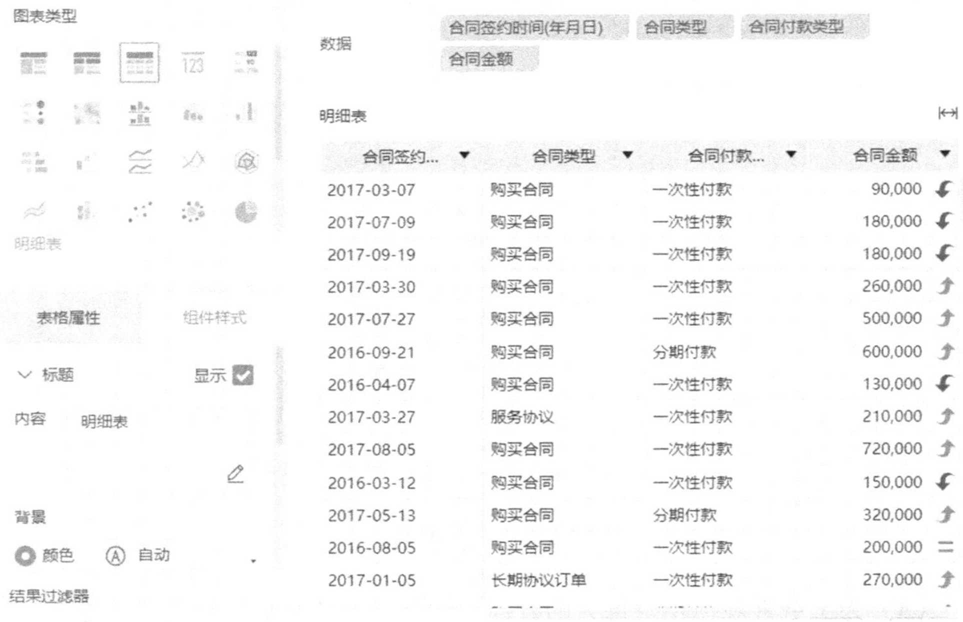
图表类型
明细表
表格属性
组件样式
标题
显示
内容
明细表
背景
颜色
自动
结果过滤器
数据
合同签约时间(年月日)
合同类型
合同付款类型
合同金额
明细表
合同签约...
合同类型
合同付款...
合同金额
2017-03-07 购买合同 一次性付款 90,000
2017-07-09 购买合同 一次性付款 180,000
2017-09-19 购买合同 一次性付款 180,000
2017-03-30 购买合同 一次性付款 260,000
2017-07-27 购买合同 一次性付款 500,000
2016-09-21 购买合同 分期付款 600,000
2016-04-07 购买合同 一次性付款 130,000
2017-03-27 服务协议 一次性付款 210,000
2017-08-05 购买合同 一次性付款 720,000
2016-03-12 购买合同 一次性付款 150,000
2017-05-13 购买合同 分期付款 320,000
2016-08-05 购买合同 一次性付款 200,000
2017-01-05 长期协议订单 一次性付款 270,000

图 4-10　明细表

4.2　可视化图表

除了表格，为了更加快速直接地帮助用户探索数据的规律，FineBI 提供了基于图表语法设计的强大的数据图表可视化分析功能，可帮助用户快速地创建常用的分析图表。

FineBI V5.1 的可视化分析是基于著名的图形语法（Grammar of Graphics）设计的，其中，数据的维度和指标可以自由组合，同时摆脱了图表类型对可视化效果的限制，取而代之以各类形状，如“柱形图”“点”“热力点”“线”“面积”“矩形块”“饼图”“文本”“填充地图”“漏斗图”“仪表盘”，并辅以颜色、大小、提示、标签和细粒度等图表属性，最终组合生成无限制的数据可视化效果。

与表格不同的是，图表除了支持调整属性和样式，还支持坐标轴的相关操作。我们在表 4-3 和表 4-4 中对图表的属性、样式及坐标轴操作进行了简单的描述，详细的描述见 FineBI 帮助文档《图形属性》[1]《图表组件样式》[2]《图表组件》[3]。

如表 4-3 所示，图表的属性可以分为通用属性（所有图表均支持的属性）、常用属性（部分图表支持的属性）和特有属性（某一特定图表独有的属性），并且所有图表的所有属性均支持两种设置方式：直接设置、拖入某个维度或指标字段进行设置。

另外，所有的图表都支持表 4-4 中所列的样式和坐标轴操作。

表 4-3　图表属性描述

属　　性		描　　述
通用属性	颜色	设置组件中形状的颜色
	提示	设置鼠标悬浮在组件元素上时所提示的内容，支持设置内容格式
	细粒度	设置图表展示数据的最细维度，用来细分图表维度；支持拖入多个维度或指标字段进行设置
常用属性	大小	设置组件中元素的大小，面积图、饼图、填充地图不支持
	标签	设置图表中元素的文字说明，支持设置内容格式；文本图不支持
特有属性	形状	点图特有的属性，用于设置点的形状
	文本	文本图特有的属性，相当于文本图表的“标签”属性
	连线	折线图特有的属性，用于设置连线顺序、线型、标记点，以及是否转化为雷达图
	半径和角度	饼图特有的属性，用于设置饼图的半径和每个扇形的弧度
	指针值和目标值	仪表盘特有的属性，用于设置仪表盘的指针值和最大值；对于多指针仪表盘，可拖入多个指针值字段

1 https://help.finebi.com/doc-view-219.html。

2 https://help.finebi.com/doc-view-231.html。

3 https://help.finebi.com/doc-view-191.html。

表 4-4　图表样式和坐标轴操作描述

样式 / 坐标轴操作		描　　述
样式	标题	设置组件的标题样式，包括标题内容、背景和是否显示标题
	图例	设置组件的图例，包括字体、边框、位置和是否显示图例
	轴线	设置分区线及坐标轴线，包括线型、线宽、颜色和是否显示轴线
	网格线	设置网格线，可设置为样式与轴线相同
	背景	设置组件的整体背景，支持颜色和图片两种方式
	自适应显示	设置图表自适应方式，包括标准适应、整体适应、宽度适应和高度适应四种方式，默认为标准适应
坐标轴操作	设置轴	设置横纵轴（分类轴和值轴）的轴标签、轴标题、轴刻度等，默认为自动
	数值格式	设置数值字段的格式，分为自动、数字和百分比，默认为自动
	指标聚合 / 并列	设置同一轴上的多个指标字段的显示方式，分为并列和聚合两种方式
	开启堆积	设置某个或多个指标的堆积效果展示
	交换横纵轴	交换横纵轴字段
	区域调整	调整横纵轴绘图区域的大小

4.2.1　智能推荐

对大部分有数据分析需求的用户进行调研，从反馈数据来看，采用什么图表类型展示或分析数据，是用户面临的最大问题。如果图表类型选择得不合适，可能就无法发掘潜藏在数据中的价值。如果我们能摆脱对分析师个人经验和能力的依赖，按照工具本身的推荐直接选择图表类型，则数据可视化将变得更加轻松。但是，Excel 等报表设计工具的操作逻辑都是先选择图表类型再选择数据，很难满足这个需求。

FineBI 的智能图表推荐功能则能够根据用户拖入的字段（维度类型/个数、指标个数、图表属性、数据周期性等信息）进行智能图表类型推荐，让用户用最适合的图表类型来呈现当前的统计数据。用户既可以在“图形属性”面板中通过切换图表的形状来选择图表并查看效果，也可以在“图表类型”区域选择智能推荐的图表类型。这样一来，用户使用 FineBI 做分析时再也不用纠结该选择饼图还是折线图了。

例如，对于 4.1 节中的应用场景，首先，打开 FineBI，单击左侧的“仪表板”菜单，再单击“新建仪表板”选项新增一个仪表板；其次，单击“添加组件”按钮，选择内置“销售 DEMO”业务包中的“地区数据分析”自助数据集，再从“待分析维度”区域将“合同签约时间”字段（时间分类选择“年”）拖拽至“横轴”区域，从“待分析指标”区域将“合同金额”字段拖拽至“纵轴”区域，则系统会自动生成如图 4-11 所示的点图。相应地，在“图表类型”区域，智能推荐的可用图表类型也变成了彩色的可选择状态，而不可用的图表类型仍然处于淡灰色的不可选择状态。

图 4-11　智能图表推荐

通过调整智能推荐图表的类型和属性，用户可以轻松地制作实用且美观的可视化图表。接下来，我们将从具体场景入手，介绍一些基础图表在 FineBI 中的实现，而关于 KPI 指标卡、颜色表格、分组表格、迷你图、热力区域图、分区柱形图、堆积柱形图、多系列柱形图、对比柱形图、瀑布图、分区折线图、多系列折线图、折线雷达图、范围面积图等常用图表的创建，读者可以参考 FineBI 帮助文档《图表组件》。

4.2.2 柱形图：比较年度合同总额

柱形图是一种用来显示一段时期内数据的变化或描述各项间的比较的图表，用来强调数据随时间或其他条件的变化。

例如，某公司希望了解并对比每年的合同总额，这就可以用柱形图实现，具体步骤如下。

（1）在仪表板中添加组件后，选择内置“销售 DEMO”业务包中的“地区数据分析”自助数据集。

（2）从“待分析维度”区域将“合同签约时间”字段拖曳至“横轴”区域，分类方式切换为“年”，从“待分析指标”区域将“合同金额”字段拖曳至“纵轴”区域，此时自动生成点图，在“图形属性”面板下单击“形状选择”栏，选择“柱形图”选项，如图 4-12 所示。

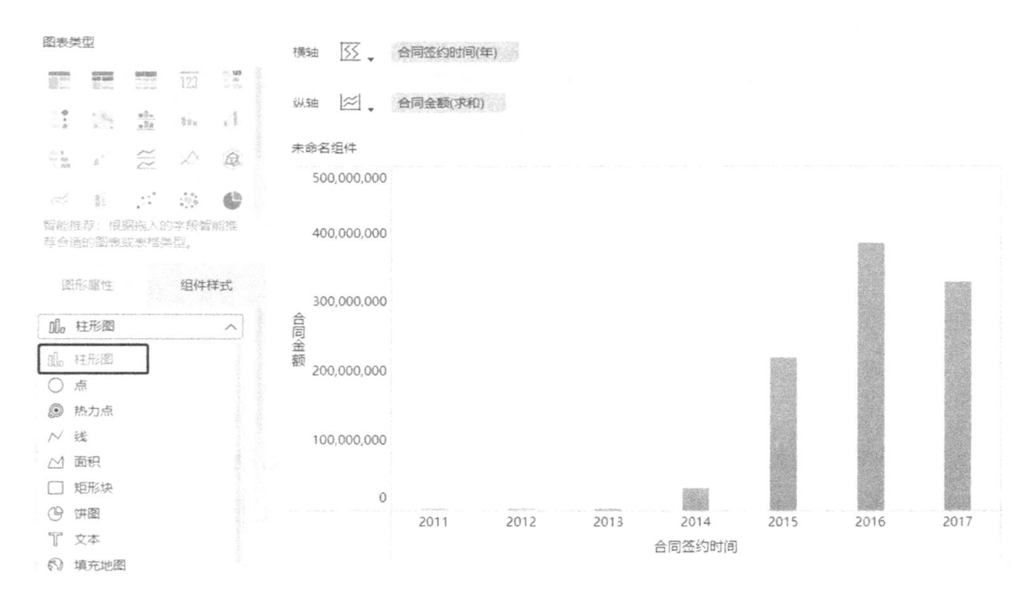

图 4-12　创建柱形图

（3）为了让图形更加美观，可以调整图形的属性、样式和坐标轴等。可以通过单击“图形属性”面板下的“颜色”栏来设置柱形图的颜色。将“待分析指标”区域的“合同金额”字段拖曳至“标签”栏，如图 4-13 所示。

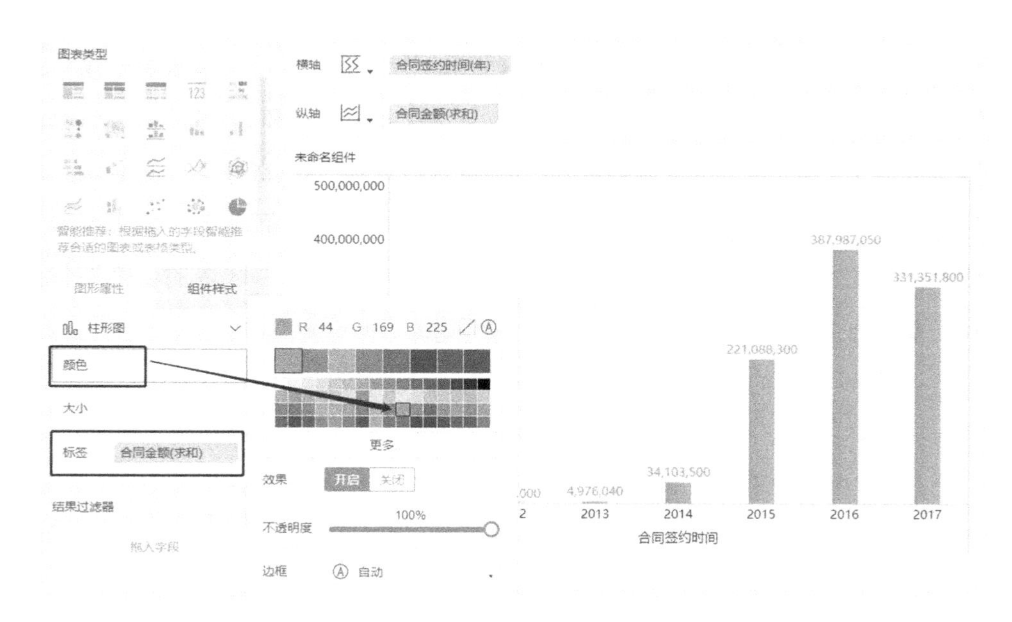

图 4-13　调整颜色和标签属性

（4）在“纵轴”区域，单击“合同金额”字段右侧的下拉按钮，单击“数值格式”选项，将数据单位设置为“亿”，再单击“组件样式”面板下的“标题”菜单，将表名修改为“柱形图”，结果如图 4-14 所示。

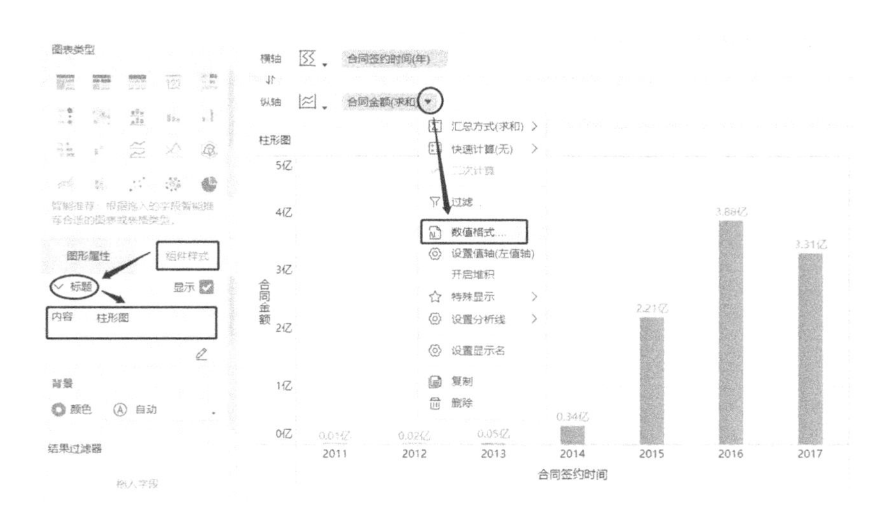

图 4-14　调整数值格式和标题

（5）如果需要对比每年的合同金额和回款金额，可以将“待分析指标”区域的“回款金额”字段拖拽至“横轴”区域，此时“图形属性”面板变成了

“全部”“合同金额（求和）”“回款金额（求和）”三个菜单项，单击每个菜单后展开的选项与图 4-13 中所示的相同。单击“回款金额（求和）”菜单展开选项，按照步骤（3）和步骤（4）调整颜色、标签和数值格式。此时“合同金额（求和）”和“回款金额（求和）”以聚合的方式呈现在同一坐标轴上，如果想要切换成并列的方式，把它们呈现在不同的区域，单击“纵轴”区域的切换图标后选择需要的方式即可，如图 4-15 所示。

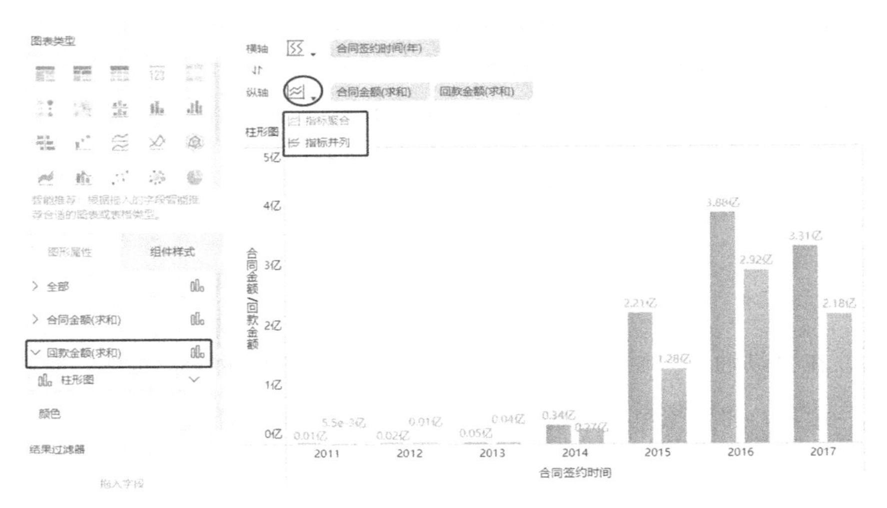

图 4-15　增加横轴维度

（6）如果要将柱形图显示成条形图，则在“横纵轴”区域单击“交换横纵轴”按钮即可，结果如图 4-16 所示。

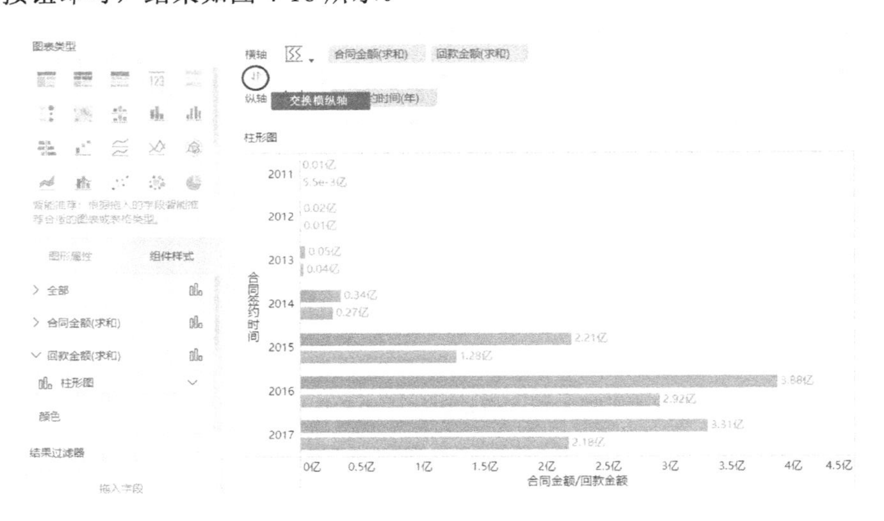

图 4-16　交换横纵轴

4.2.3　点图：总览月度合同金额

点图可以显示不同数据点之间的关系，常用于分析数据的整体变化趋势和比较跨类别的聚合数据。同时，可以引入第三个数据变量，用来表示点的大小或渐变颜色的深浅，从而突出点的分布情况。

下面用点图来分析某公司各月的合同金额情况，具体步骤如下。

（1）添加组件，选择内置“销售 DEMO”业务包中的“地区数据分析”自助数据集。

（2）将“待分析维度”区域的“合同签约时间”字段拖曳至“横轴”区域，分类方式切换为“年月”；将“待分析指标”区域的“合同金额”字段拖曳至“纵轴”区域，此时图表类型默认为点图，如图 4-17 所示。

图 4-17　创建点图

（3）单击“图形属性”面板下的“颜色”栏，设置点的颜色；单击“大小”栏，将点的半径减小一些；单击“形状”栏，将点的形状修改为“★”（见图 4-18）。

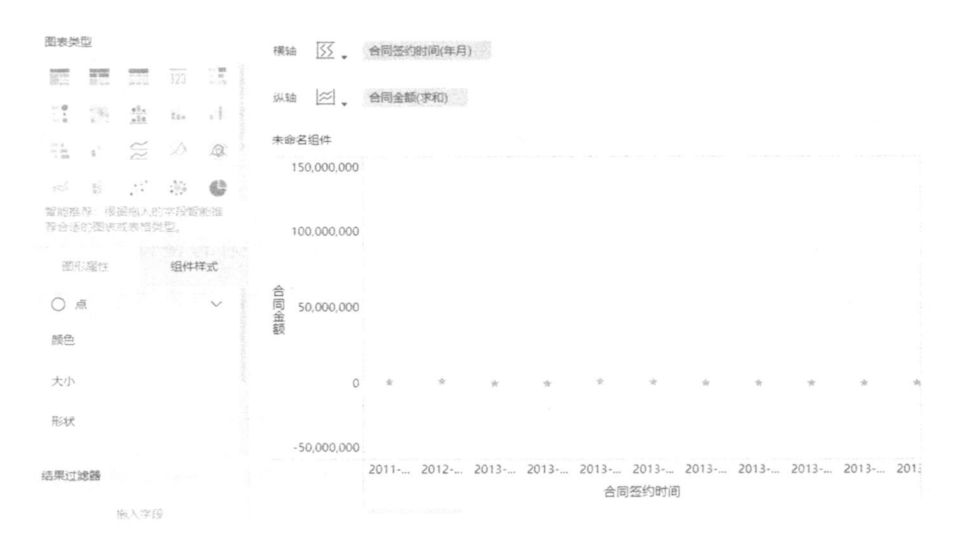

图 4-18　调整颜色、大小和形状属性

（4）单击“纵轴”区域“合同金额（求和）”字段右侧的下拉菜单，单击“数值格式”选项，将数量单位改为“百万”，再次单击下拉菜单，单击“设置值轴（左值轴）”选项，弹出如图 4-19 所示的设置值轴窗口，勾选“轴刻度自定义”复选框，将值轴的“最小值”设置为“0”。

（5）切换到“组件样式”面板，单击“自适应显示”菜单，选择“整体适应”，然后单击“标题”菜单，将标题修改为“点图”，最终结果如图 4-20 所示。

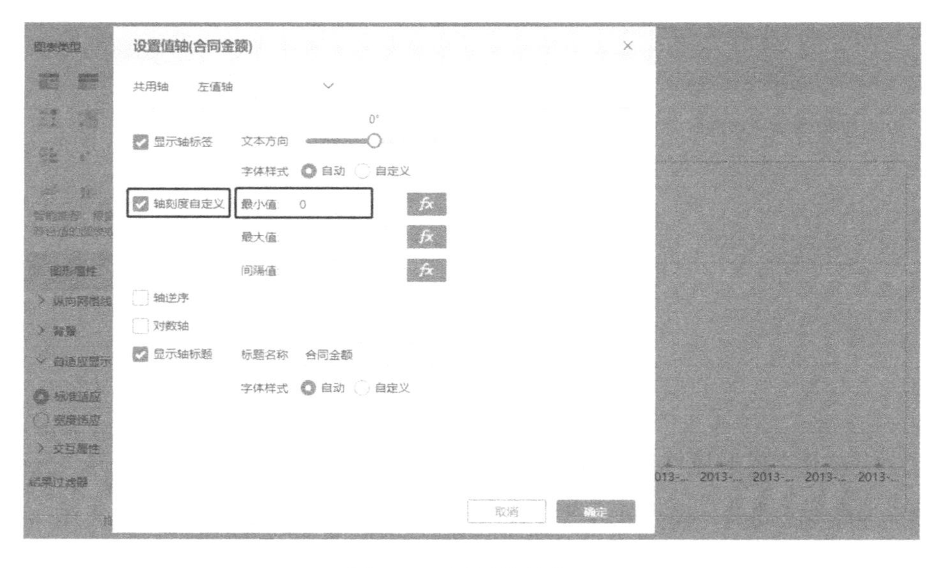

图 4-19　设置值轴窗口

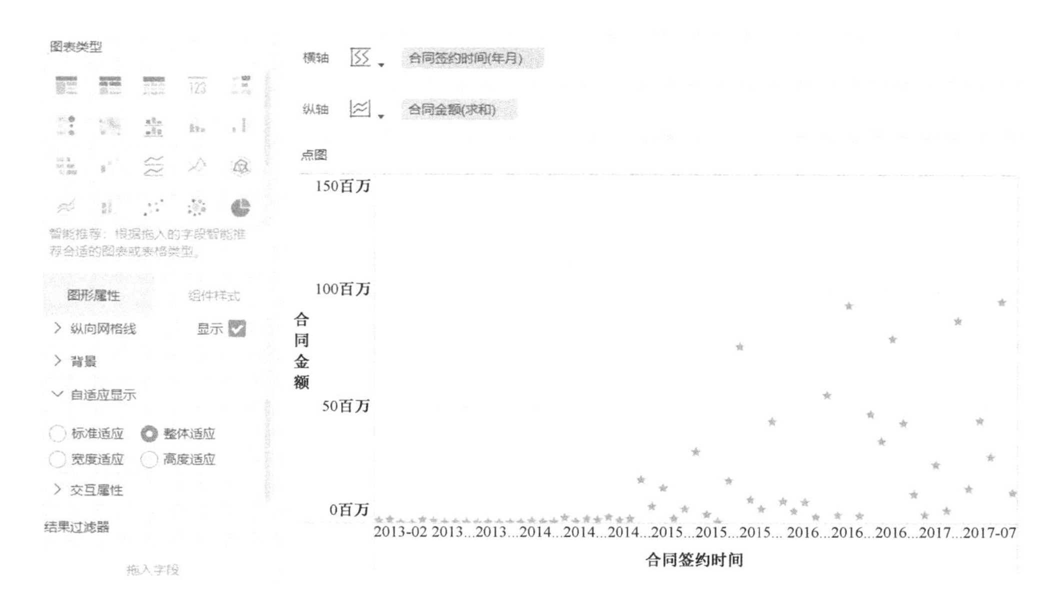

图 4-20　点图

4.2.4　热力点图：通过颜色分析用户类型与年龄分布

热力点图用来表示当前坐标范围内的各点的权重情况。

例如，分析某互联网公司用户类型及年龄的分布情况，就可以用热力点图来实现，具体步骤如下。

（1）添加组件，选择内置“互联网行业”业务包中的“用户信息维度表”选项。

（2）将“待分析维度”区域的“用户类型”字段拖曳至“横轴”区域，将“年龄”字段拖曳至“纵轴”区域，并单击“图形属性”面板下的“形状选择”栏，选择“热力点”选项，结果如图 4-21 所示。

（3）此时热力点图未显示年龄和用户类型中的用户数分布，将“待分析指标”区域的“记录数”字段拖曳至“图形属性”面板下的“热力色”栏，图表中的热力色就根据用户的人数来显示了。热力色渐变方案默认为“热力色 2”，单击“热力色”栏即可修改。单击“组件样式”面板下的“标题”菜单，将标题修改为“热力点图”，最终结果如图 4-22 所示。

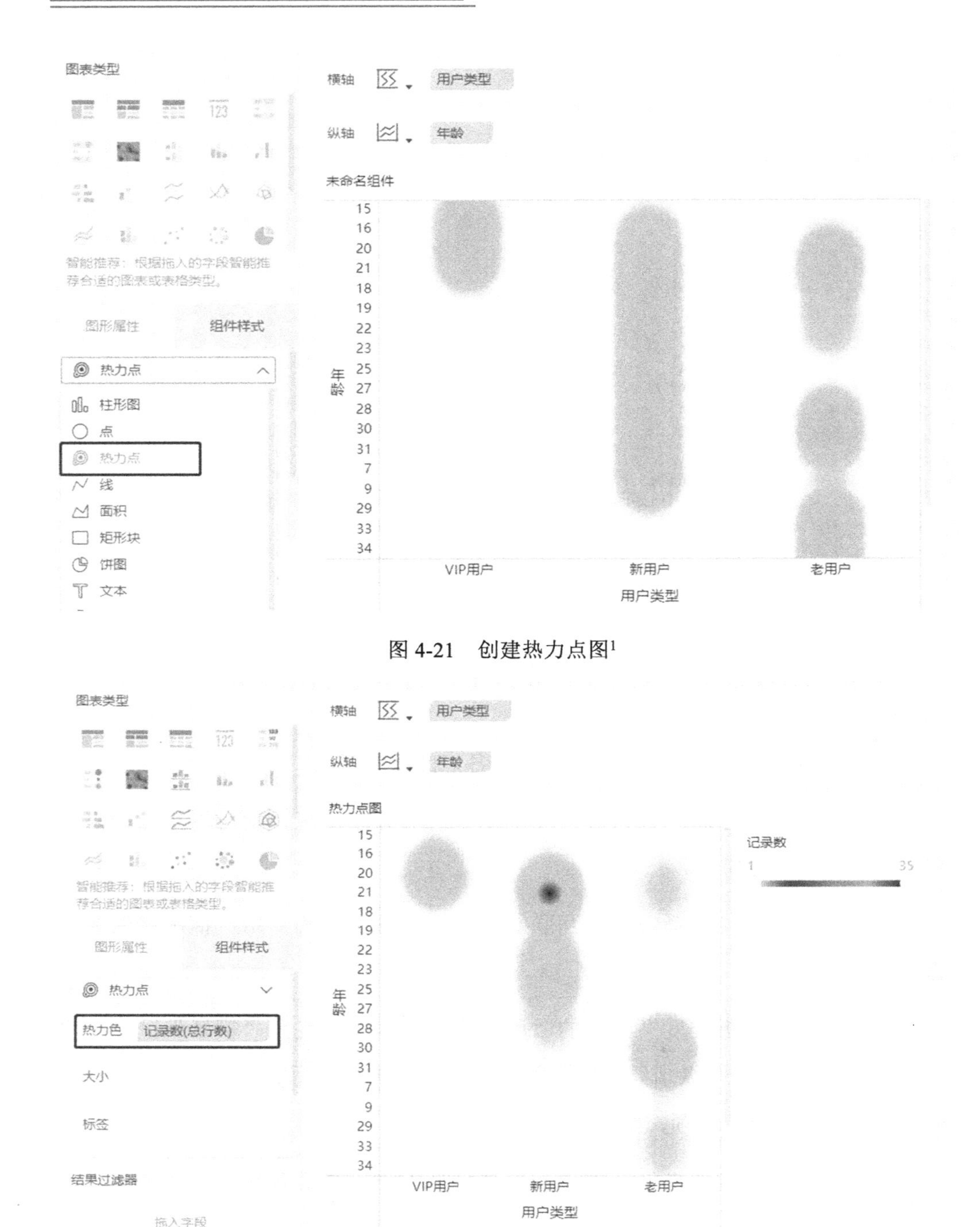

图 4-21　创建热力点图[1]

图 4-22　热力点图

1 本书中表示“年龄”的数字的单位均为“岁”。为了与软件界面保持一致，本书不再在相应图表中添加单位。

4.2.5　线形图：观察注册人数随时间的变化趋势

线形图用来更清晰地显示数据的变化趋势，通过线形图可对数据进行汇总、分析和查看。

如果要分析某互联网公司的注册人数随时间的变化趋势，就可以使用线形图，具体步骤如下。

（1）添加组件，选择内置“互联网行业”业务包中的“用户信息维度表”选项。

（2）将“待分析维度”区域的“注册日期”字段拖曳至“横轴”区域，分类方式选择“年月”；将“待分析指标”区域的“记录数”字段拖曳至“纵轴”区域，并单击“图形属性”面板下的“形状选择”栏，将图表类型选为“线”，结果如图 4-23 所示。

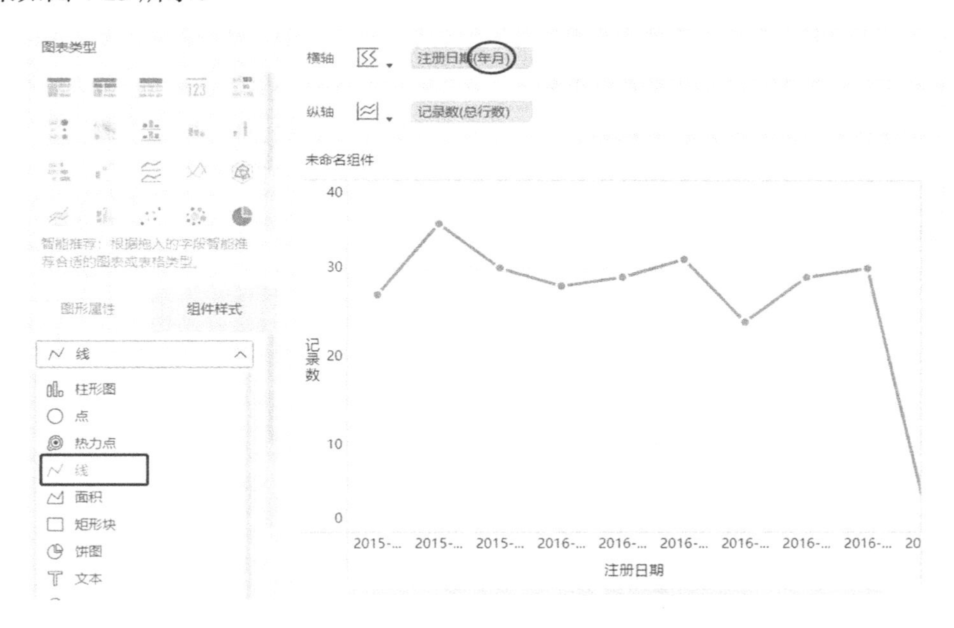

图 4-23　创建线形图

（3）单击“图形属性”面板下的“大小”栏，调整线的粗细；单击“连线”栏后再单击“曲线”选项，将线型切换为曲线，结果如图 4-24 所示。

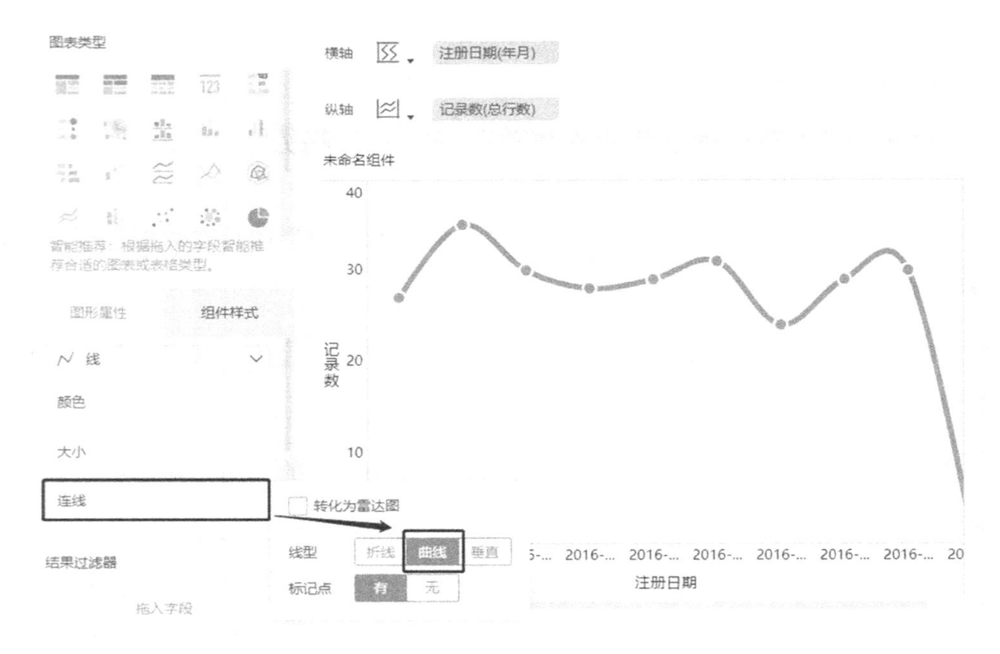

图 4-24　调整大小和连线属性

（4）如果希望按照性别分别查看注册人数的变化趋势，则将“待分析维度”区域的“性别”字段拖拽至“纵轴”区域即可，最后将标题修改为“线形图”，结果如图 4-25 所示。从图中可以看到，在注册用户中，男性人数随时间的变化波动较大，而女性人数相对稳定。

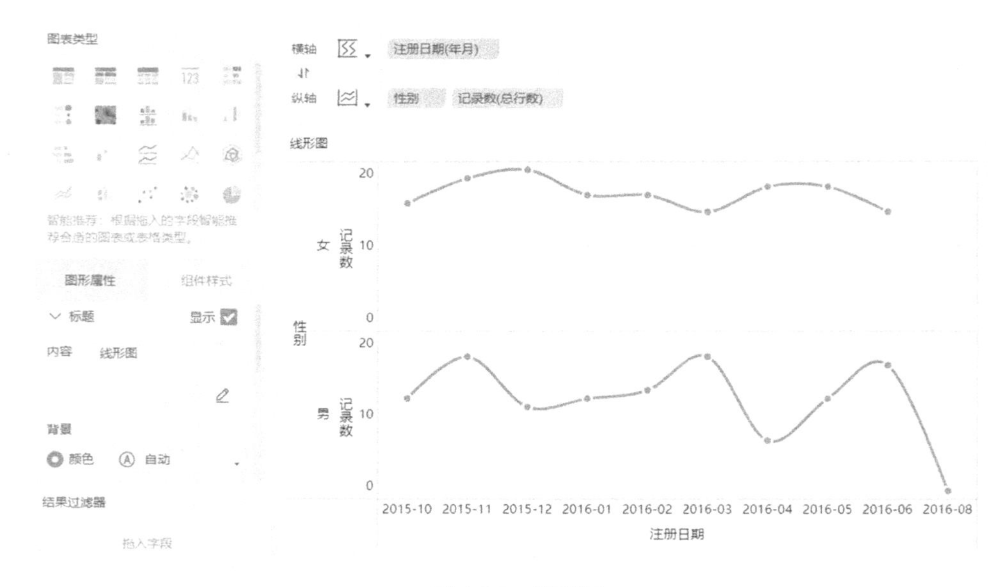

图 4-25　线形图

4.2.6　面积图：观察不同平台下的用户浏览量随时间的变化趋势

面积图可用来展示持续性数据，可很好地表示趋势、累积、减少及变化。面积图能更好地展示部分和整体之间的关系。

例如，如果要分析某公司网站的用户浏览量随时间的变化，则可以使用面积图，具体步骤如下。

（1）添加组件，选择内置“互联网行业”业务包中的“访问统计事实表”选项。

（2）将“待分析维度”区域的 “统计日期”字段拖曳至“横轴”区域，分类方式选择“年月”；将“待分析指标”区域的“浏览量”字段拖曳至“纵轴”区域，并单击“图形属性”面板下的“形状选择”栏，将图表类型选为“面积”，结果如图 4-26 所示。

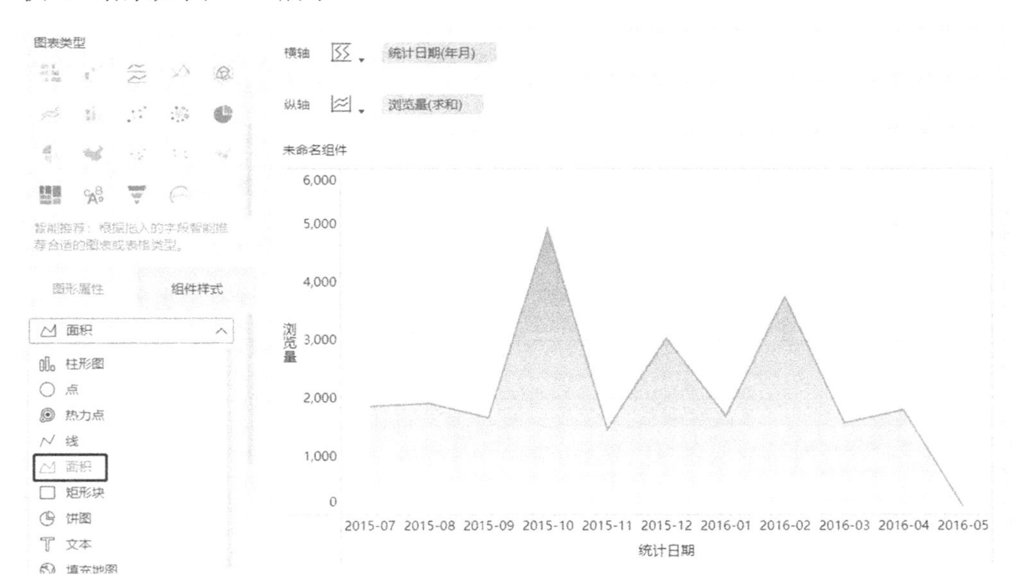

图 4-26　创建面积图

（3）如果需要分析不同的访问平台相对于整体的关系，并且在一个坐标轴中显示，那么，可以通过细粒度属性和堆积操作来实现。将“待分析维度”区域的“访问平台”字段拖拽至“图形属性”面板下的“细粒度”栏，并在“纵轴”区域单击“浏览量（求和）”字段右侧的下拉菜单，勾选“开启堆积”选项，结果如图 4-27 所示。

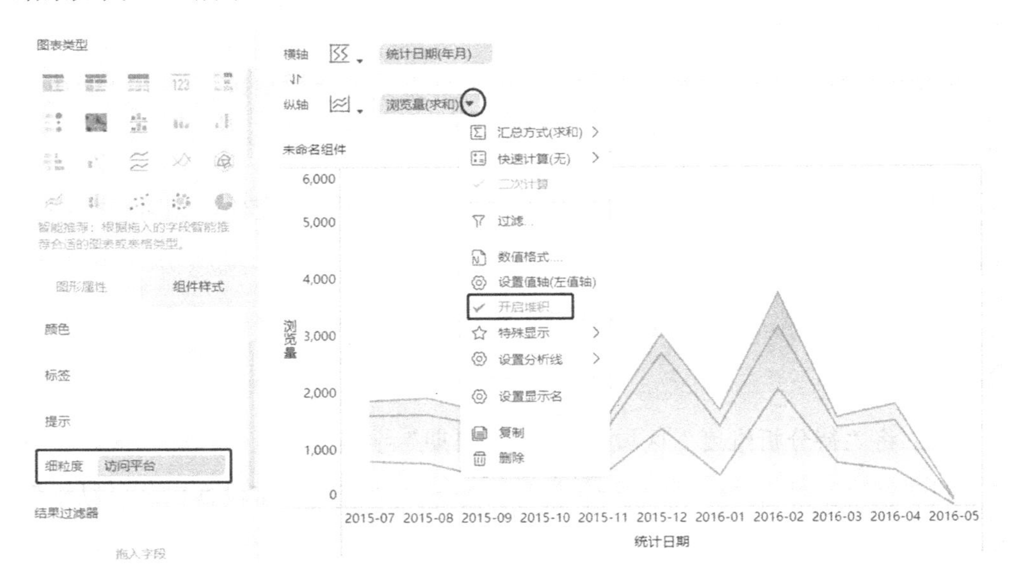

图 4-27　调整细粒度属性并开启堆积效果

（4）将“待分析维度”区域的“访问平台”字段拖拽至“图形属性”面板下的“颜色”栏。

（5）单击“组件样式”面板下的“图例”菜单，设置图例居下显示，再单击“标题”菜单，将标题修改为“面积图”，结果如图 4-28 所示。

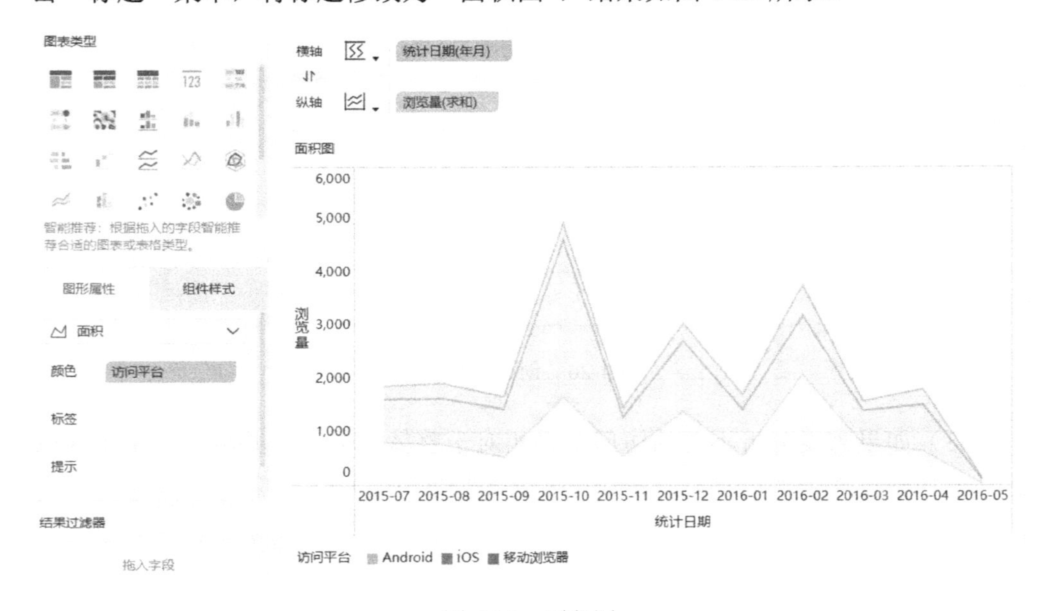

图 4-28　面积图

4.2.7　矩形块图：分析不同平台和不同阶段的网站访问时间分布

矩形块图以矩形块的形式展示不同数据点的分布情况，矩形块图可以用颜色或矩形块的大小来展示对应指标值的大小。例如，某公司想要了解网站在不同访问平台和访问阶段的访问时间分布，就可以通过矩形块图来实现，具体步骤如下。

（1）添加组件，选择内置“互联网行业”业务包中的“访问阶段统计事实表”选项。

（2）将“待分析维度”区域的“访问平台”字段拖曳至“横轴”区域，并将“访问最后阶段”字段拖曳至“纵轴”区域，然后单击“图形属性”面板下的“形状选择”栏，将图表类型选为“矩形块”，结果如图 4-29 所示。

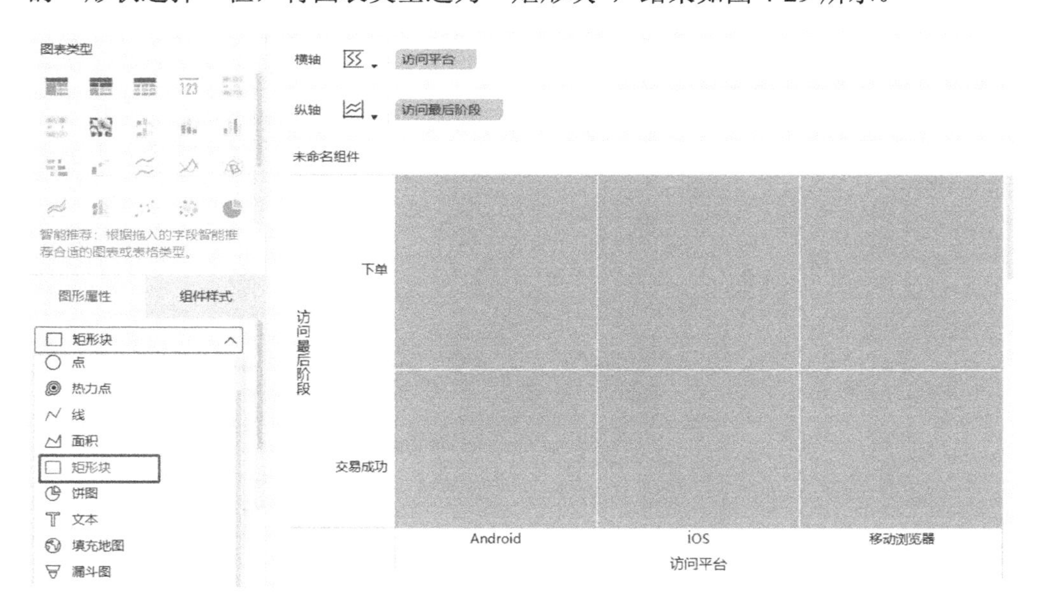

图 4-29　创建矩形块图

（3）将“待分析指标”区域的“总停留时间”字段拖拽至“图形属性”面板下的“颜色”栏，并单击“颜色”栏将渐变方案设置为“现代”（见图 4-30）。

（4）单击“组件样式”面板下的“自适应显示”菜单，单击“整体适应”选项，再单击“标题”菜单，将标题修改为“矩形块图”，结果如图 4-31 所示。图中矩形块的颜色深浅就代表了访问时间的长短。

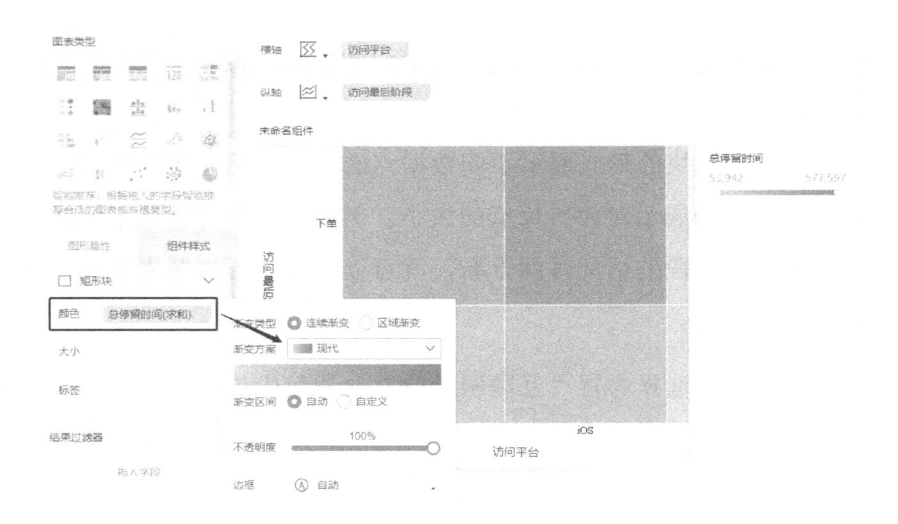

图 4-30　调整颜色属性

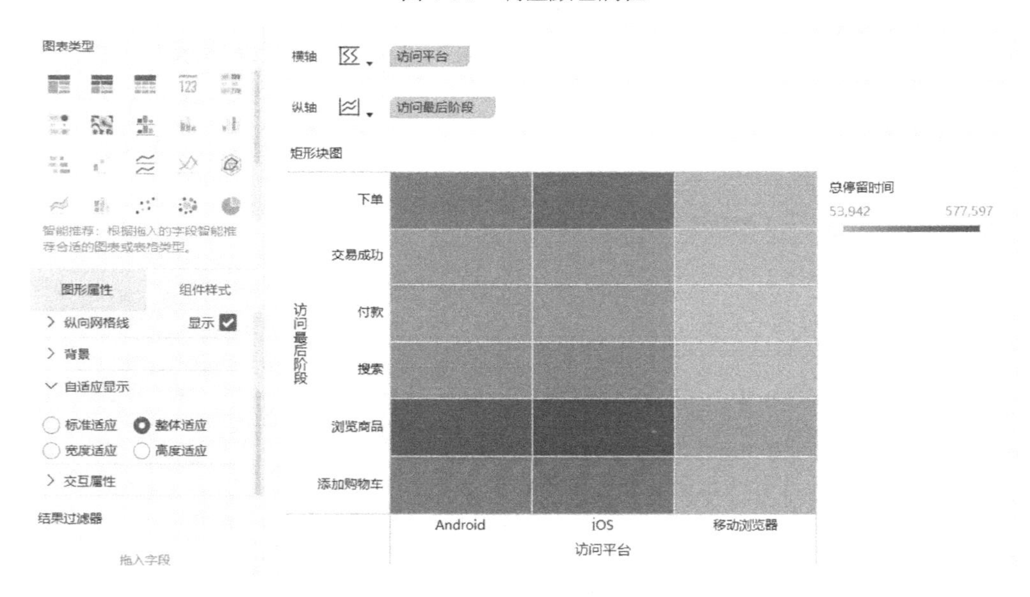

图 4-31　矩形块图

4.2.8　饼图：分析网站在不同阶段的访问时间占比情况

饼图用来展示每个分组在总值中的占比大小。FineBI 中的饼图可根据横纵轴展示不同维度的分布情况，也可根据半径、角度等展示每个分组在总值中的占比大小。

下面使用饼图来分析网站在不同访问阶段的访问时间占比情况。

（1）添加组件，选择内置“互联网行业”业务包中的“访问阶段统计事实表”选项。

（2）将“待分析维度”区域的“访问最后阶段”字段拖曳至“横轴”区域，将“待分析指标”区域的“总停留时间”字段拖曳至“纵轴”区域，并单击“图形属性”面板下的“形状选择”栏，将图表类型选为“饼图”，结果如图4-32所示。

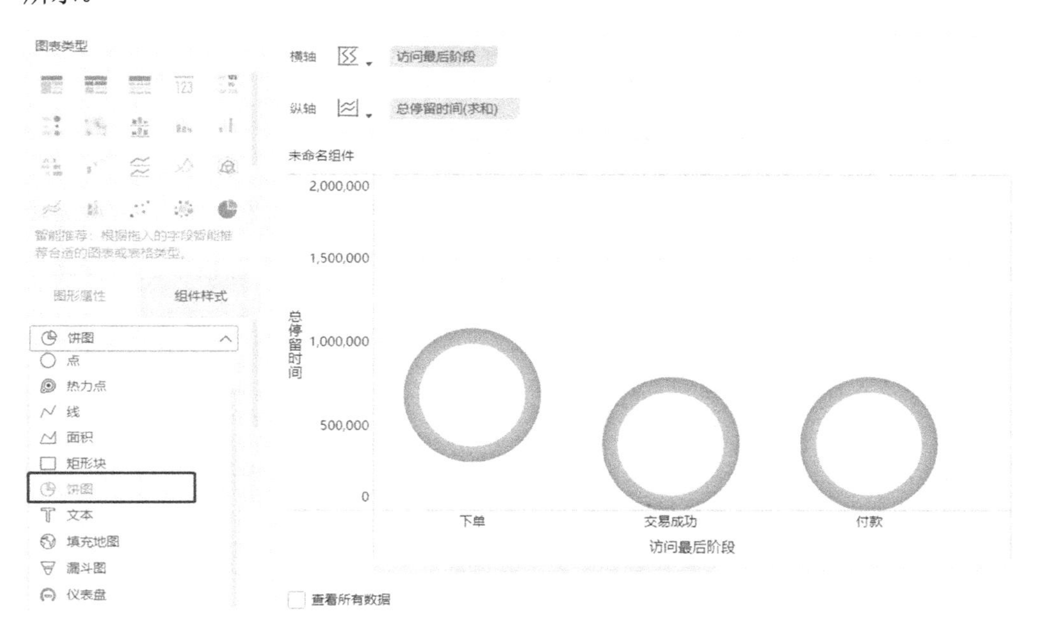

图 4-32　创建饼图[1]

（3）此时的饼图是以横纵轴的方式来展示的，要将其转换为常见的以半径和角度展示的饼图，单击“图表类型”区域的“饼图”选项即可，“横纵轴”区域的字段会被自动识别进入“图形属性”面板下的“颜色”栏和“角度”栏，结果如图 4-33 所示；除此之外，也可以先单击“图形属性”面板下的“形状选择”栏，将图表类型选择为“饼图”，再将“横纵轴”区域的字段分别拖拽至“颜色”栏和“角度”栏。

1 本书中所有表示“总停留时间”的数字的单位均为“毫秒”。为了与软件界面保持一致，本书不再在相应图表中添加单位。

图 4-33　切换成常规饼图

（4）单击“图形属性”面板下的“半径”栏，可以调整饼图的大小和内径占比，这里将“内径占比”调整为 0，最后单击“组件样式”面板下的“标题”菜单，将组件标题修改为“饼图”（见图 4-34）。

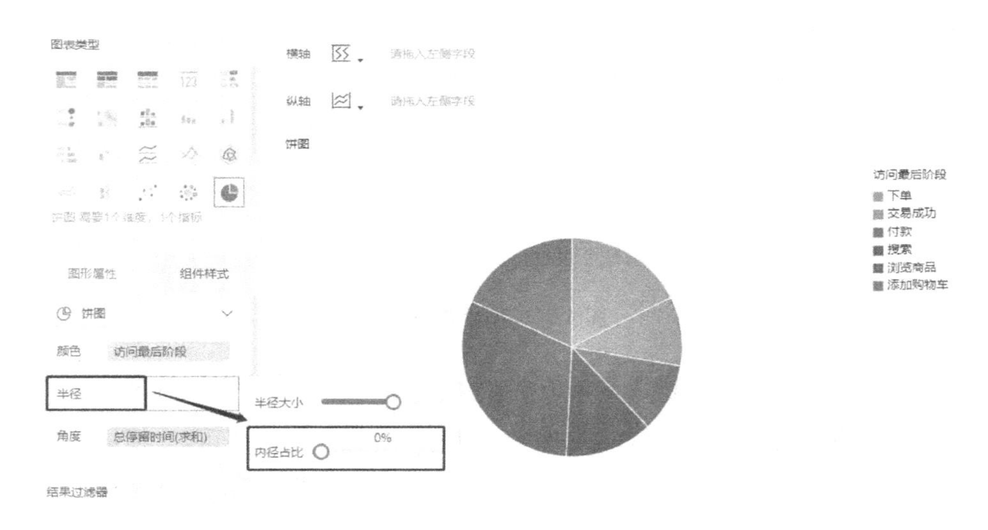

图 4-34　饼图

4.2.9　文本图：使用词云图分析网站搜索的关键词

文本图常用于词云图的绘制。词云是一种直观展示数据频率的图表类型，可以对出现频率较高的关键词予以视觉上的突出，形成“关键词云层”，从而过滤掉大量的文本信息，使浏览者一眼就可以知道文本的重点。

例如，可以制作某网站的搜索词词云图，以此来展示大众的搜索热点，具体步骤如下。

（1）添加组件，选择内置“样式数据”业务包中的“搜索词汇统计表”选项。

（2）将“待分析维度”区域的“搜索词”字段拖曳至“横轴”区域，将“待分析指标”区域的“搜索次数”字段拖曳至“纵轴”区域，单击“图表类型”区域的“词云图”选项，此时，“图形属性”面板下的“形状选择”栏会自动切换成“文本”，“横轴”区域的“搜索词”字段会自动进入“图形属性”面板下的“文本”栏，“纵轴”区域的“搜索次数（求和）”字段会自动进入“大小”栏，结果如图 4-35 所示；和饼图类似，我们也可以通过先选择形状再拖入字段的方式创建词云图。

图 4-35　创建词云图

（3）将“待分析维度”区域的“搜索词”字段拖拽至“图形属性”面板下的“颜色”栏，每个搜索词将以不同的颜色显示，再单击“大小”栏，调整搜索词文本的字号大小，最后，单击“组件样式”面板下的“标题”菜单，将组件标题修改为“词云图”，并取消勾选“图例”菜单右侧的“显示”复选框，如

图 4-36 所示。

4.2.10 填充地图：观察不同城市的销售情况

当需要按照地区分析数据时，可以使用填充地图进行展示，例如，可以通过填充地图来观察不同城市的销售情况。填充地图可以按照国家、省、市、区甚至一些定制的地图展示。制作填充地图时，首先要将地区相关字段（国家、省份、城市等）转化为地理角色，并将生成的经纬度分别绑定到“横轴”和“纵轴”区域。详细的制作步骤见 FineBI 帮助文档《维度转换为地理角色》[1]和《创建填充地图》[2]。

图 4-36 词云图

4.2.11 漏斗图：平台用户访问阶段转化情况的漏斗分析

漏斗图是展示每一阶段的占比情况，提供转化率、到达率分析的一种图表类型。

---

1 https://help.finebi.com/doc-view-105.html。

2 https://help.finebi.com/doc-view-228.html。

下面以某公司网站在不同访问阶段的客户停留时间为例来分析每个访问阶段的占比和转化情况，具体步骤如下。

（1）添加组件，选择内置“互联网行业”业务包中的“访问阶段统计事实表”选项。

（2）将“待分析维度”区域的“访问最后阶段”字段拖曳至“横轴”区域，将“待分析指标”区域的“总停留时间”字段拖曳至“纵轴”区域，单击“图表类型”区域的“漏斗图”选项，此时，“图形属性”面板下的“形状选择”栏会自动切换成“漏斗图”，“横轴”区域的“访问最后阶段”字段会自动进入“图形属性”面板下的“细粒度”栏，“纵轴”区域的“总停留时间（求和）”字段会自动进入“大小”栏，结果如图 4-37 所示。另外，也可以通过先选择形状再拖拽至字段的方式来创建漏斗图。

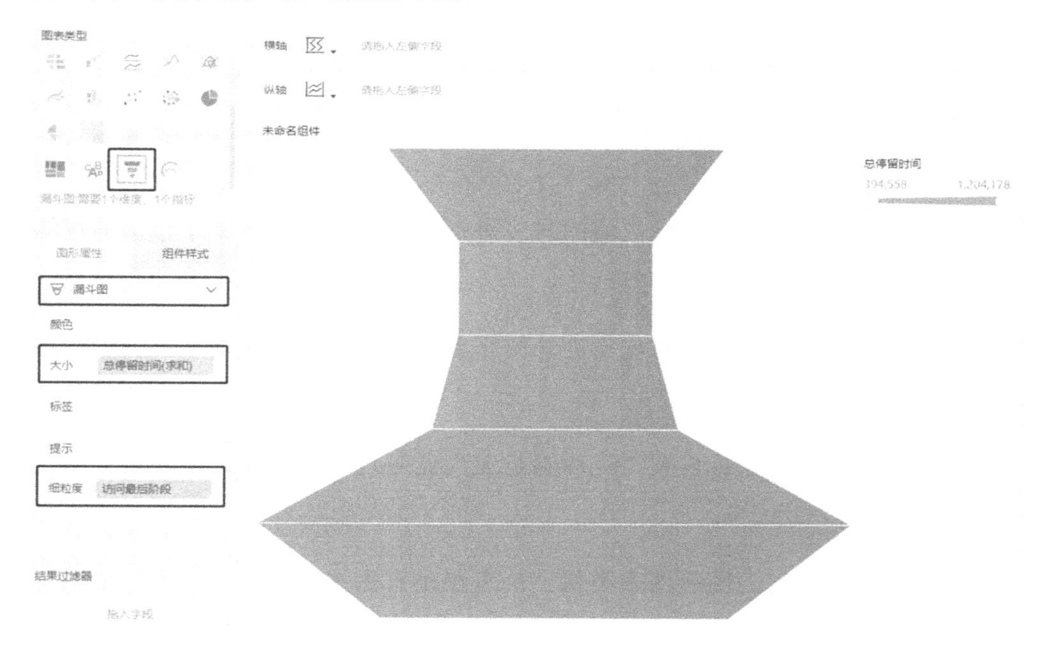

图 4-37 创建漏斗图

（3）将“待分析维度”区域的“最后访问阶段”字段拖拽至“图形属性”面板下的“标签”栏，并选择按照“总停留时间（求和）”字段降序排序，最后，单击“组件样式”面板下的“标题”菜单，将组件标题修改为“漏斗图”，结果如图 4-38 所示。

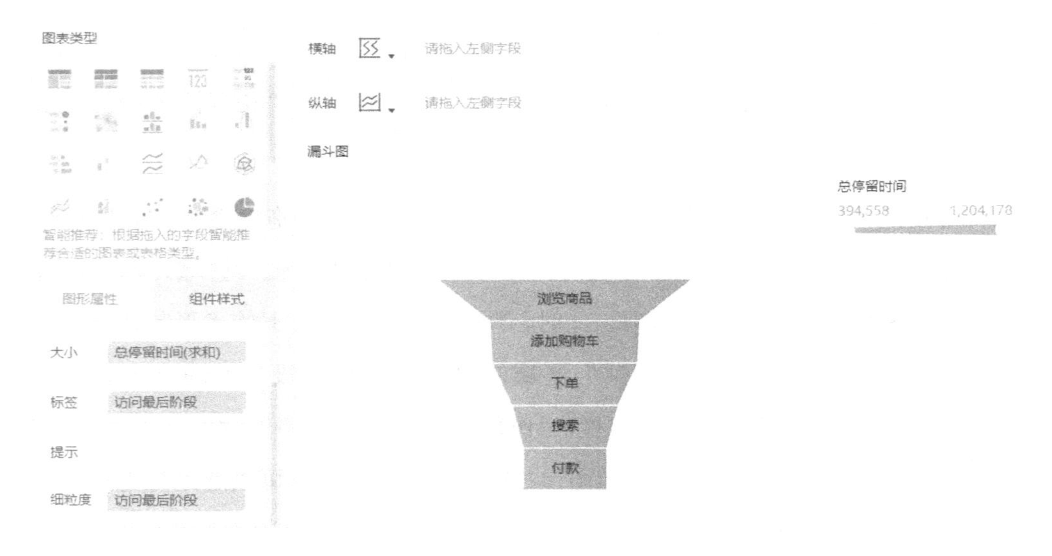

图 4-38 漏斗图

4.2.12 仪表盘：观察平台用户的访问时间达标率

可以用仪表盘对单个指标数值的进度进行分析，也可以将单个指标通过维度分开，使用多个仪表来同时展示。

下面以仪表盘的形式来对比不同访问平台的用户在某公司网站上的访问停留时间，具体步骤如下。

（1）添加组件，选择内置“互联网行业”业务包中的“访问阶段统计事实表”选项。

（2）与饼图、词云图等图表类似，仪表盘也有先拖字段后选类型和先选形状后拖字段两种创建方式，这里以后者为例。单击“图形属性”面板下的“形状选择”栏，选择“仪表盘”，将“待分析指标”区域的“总停留时间”字段拖拽至“图形属性”面板下的“指针值”栏，仪表盘就创建完成了，结果如图4-39所示。

（3）FineBI 提供了 6 种仪表盘样式，这里在“图形属性”面板下的“形状选择”栏下方单击选择“横向试管型”仪表盘，并将“待分析维度”区域的“访问平台”字段拖曳至“横轴”区域，结果如图 4-40 所示。

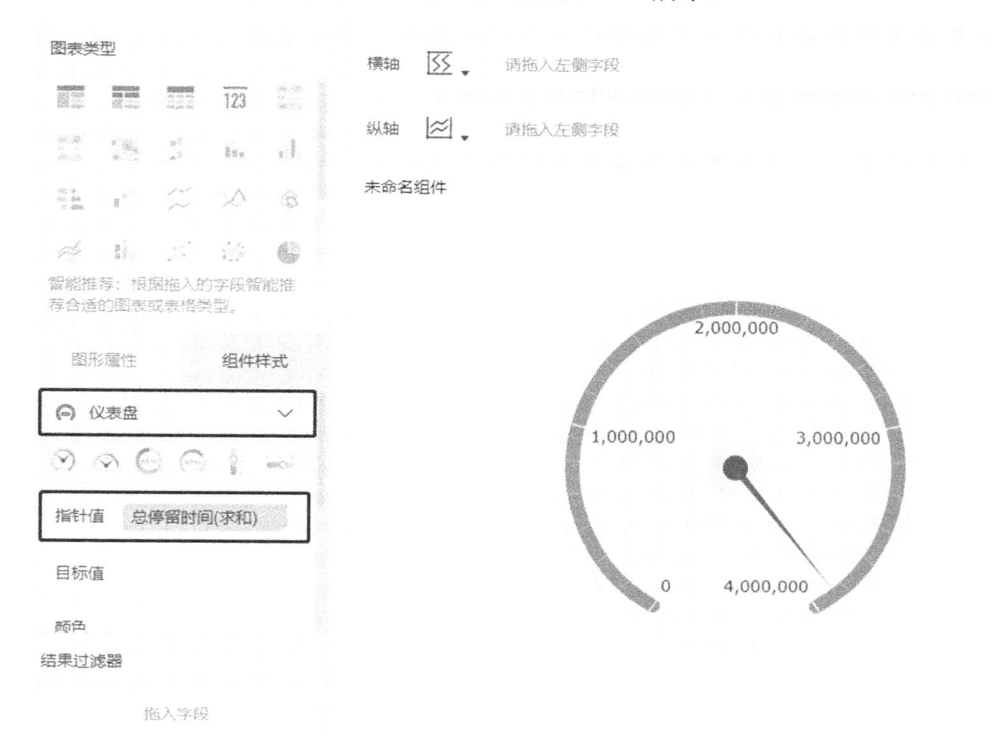

图 4-39　创建仪表盘

图 4-40　调整仪表盘类型，新增维度字段

（4）在“横纵轴”区域单击“交换横纵轴”选项，对比更为直观，再单击“组件样式”面板下的“自适应显示”菜单，选择“整体适应”选项，最后将标题修改为“仪表盘”，最终结果如图 4-41 所示。

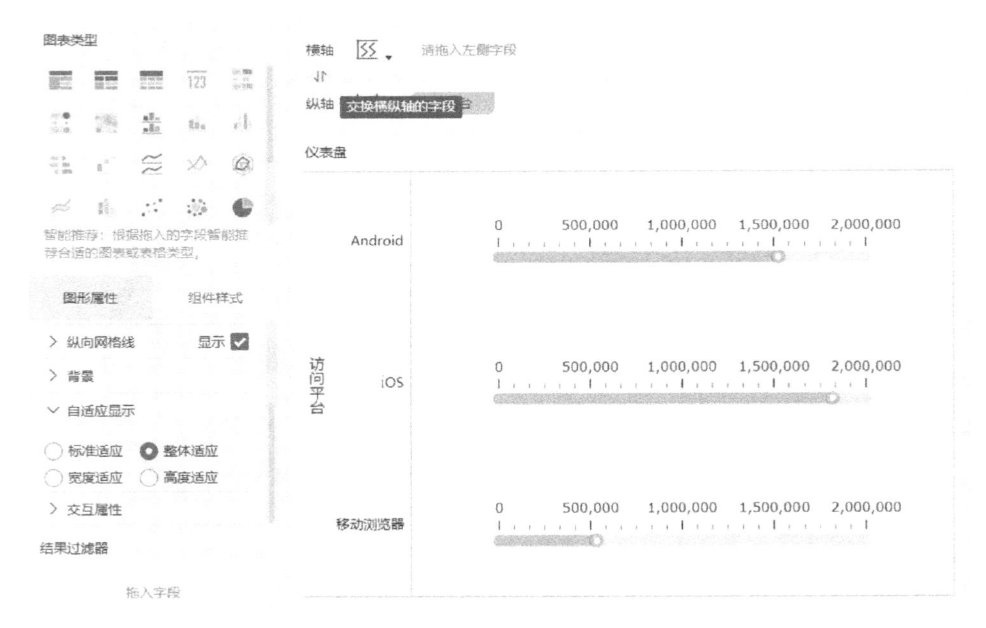

图 4-41　仪表盘

思考与实践

1. 理论知识

（1）FineBI 的可视化分析是如何实现的？

（2）在 FineBI 中如何进入可视化组件工作区？

（3）FineBI 的表格组件有哪几种类型，分别适用于什么应用场景？

（4）FineBI 中的柱形图、线形图和文本图各适用于什么数据可视化分析场景？

（5）如果想将在 FineBI 中绘制的折线图修改为曲线折线图，并且取消标记点，应该如何设置？

2. 操作实践（Sqlite 数据库：Exercises.db[1]）

（1）年/月度品牌销售额和毛利统计。

使用 Exercises.db 数据库中的销售明细表（SalesDetails）和品牌维度表（BrandDimension）建立数据表之间正确的关联关系，然后选择 FineBI 中合适的表格进行年/月度品牌销售额和毛利统计（效果模板见图 4-42），并使其满足以下要求：

① 毛利大于 40000 时，指标颜色为绿色，否则指标颜色为红色；

② 销售额大于 200000 时，采用绿点形状标记，否则采用红点形状标记；

③ 表格的分页列数为 3；

④ 合计行和合计列都要显示。

销售日期(年)	2017							
销售日期(月份)	5		6		7		汇总	
品牌描述	毛利(求和)	销售额(求和)	毛利(求和)	销售额(求和)	毛利(求和)	销售额(求和)	毛利(求和)	销售额(求和)
HANG TEN	71061	615982	125173	1037555	77888	781903	484006	4303876
LESPORTSAC	8717	61414	15125	107041			61860	504267
NEW BALANCE(新百...	88425	874303	148705	1450644	119114	1191594	651759	6377473
O.C.T.MAMI(十月妈咪)	33221	312247	47442	499160	47087	450078	264541	2643621
PAW IN PAW	121786	1298863	157026	1630473	123751	1152987	703530	7226155
RACB JJQN	21455	157776	27430	231505	30356	279927	137072	1189106
SINOMAX(丝露梦)	43938	406072	65899	755404	63644	617608	373878	3414284
WHO.A.U	31969	298955	62691	582603	48315	375840	257705	2345170
X.ZHINING	9311	54954	12466	129083			50355	398821
ZIPPO(之宝)	117356	1374460	207819	2431206	203731	2014880	945591	10089268
汇总	547269	5455026	889766	8854674	713886	6864817	3920299	38492041

图 4-42　年/月度品牌销售额和毛利统计效果模板

（2）月度毛利/销售额对比和走势分析。

使用 Exercises.db 数据库中的销售明细表（SalesDetails）和品牌维度表（BrandDimension）建立数据表之间正确的关联关系，然后选择 FineBI 中合适的图表和属性进行月度毛利/销售额对比和走势分析（效果模板见图 4-43）。

（3）医院病人床位占用矩阵分析。

使用数据库 Exercises.db 中的医院病人床位占用表（Bedoccupancy），选择 FineBI 中合适的图表和属性进行医院病人床位占用矩阵分析（效果模板见图 4-44）。

1 https://www.fanruan.com/2020/bitooldown。

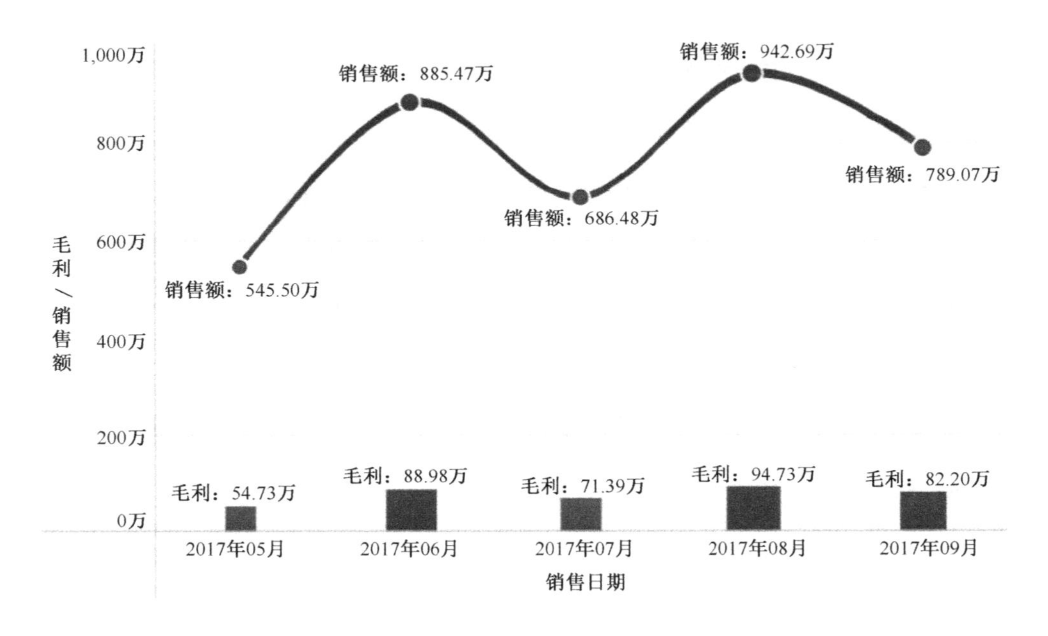

图 4-43　月度毛利/销售额对比和走势分析图效果模板

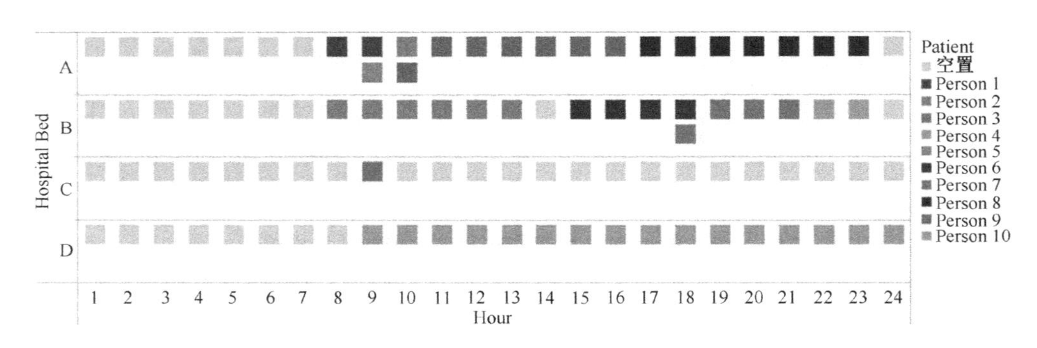

图 4-44　医院病人床位占用矩阵分析图效果模板

第5章　图表操作与OLAP

业务人员和数据分析师在完成表格和基础图表的制作后，经常需要对图表做进一步的操作，尤其是OLAP。本章将介绍一些常用的图表操作和OLAP，从而帮助读者实现对图表数据的快速计算和处理，提升可视化分析的效率和便利性。

本章主要内容：

- 排序：按照既定顺序观察不同合同类型的销售额
- 过滤：按照不同条件显示合同销售额
- 分组
- 指标计算
- OLAP

5.1　排序：按照既定顺序观察不同合同类型的销售额

完成可视化图表的设计后，经常需要将数据按照既定的顺序进行排列展示，以便呈现更清晰的结果。FineBI提供了多种排序方式，其支持按照维度字段进行升序/降序排序或自定义排序，对表格组件还支持表头排序。

例如，某公司希望按照顺序展示不同合同类型的销售额，则可进行如下操作。

首先，在仪表板中添加组件，选择内置“销售DEMO”业务包中的“合同事实表”选项。

其次，从“待分析维度”区域将“合同类型”字段拖曳至“横轴”区域，从“待分析指标”区域将“合同金额”字段拖曳至“纵轴”区域，此时自动生成点图，在“图表属性”面板下单击“形状选择”栏，选择“柱形图”选项，再单击“交换横纵轴”按钮，结果如图 5-1 所示。

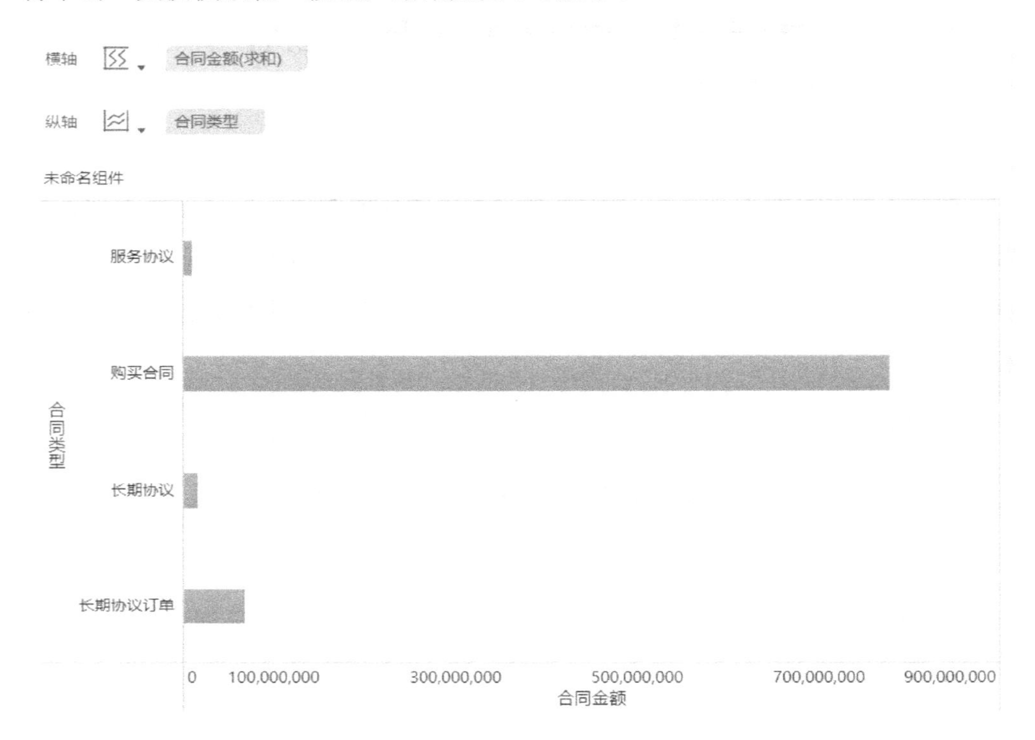

图 5-1　不同合同类型的销售额柱形图

下面对不同合同类型的销售额进行排序。

1. 按字段排序

对于“维度”或“横轴”区域的维度字段，可直接选择按照所有的维度字段或当前选择的指标来排序。

例如，对图 5-1 所示的合同金额按降序排序，则在“纵轴”区域单击“合同类型”字段右侧的下拉按钮，选择“降序”选项，然后单击选择“合同金额”选项即可，如图 5-2 所示。

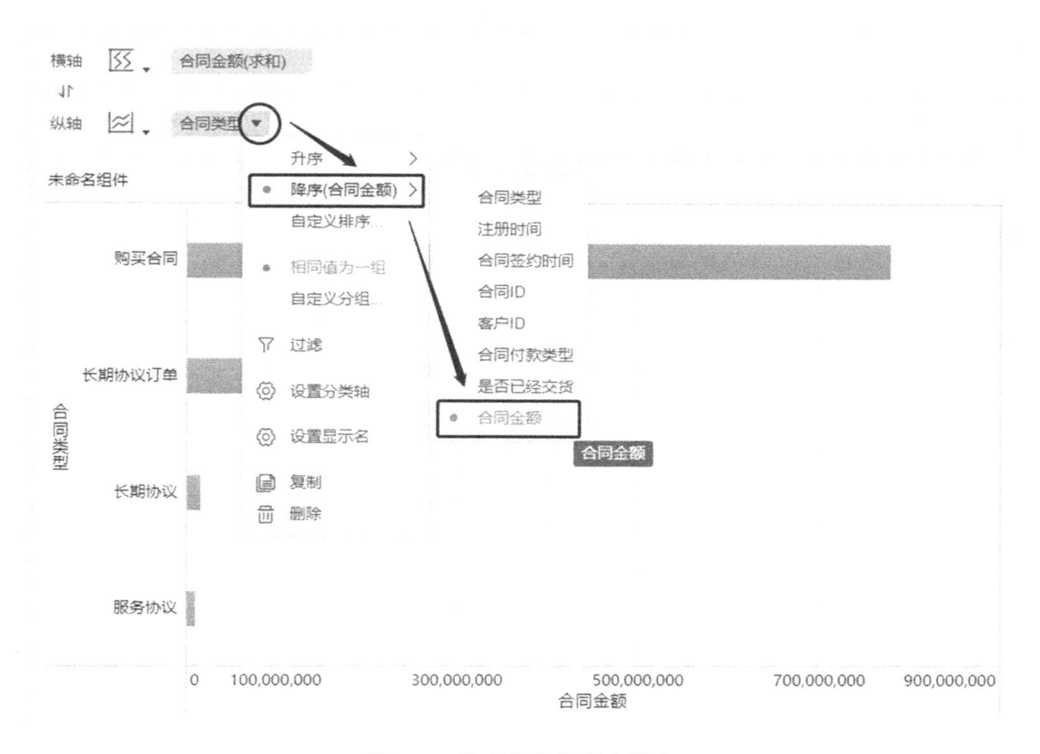

图 5-2　维度字段的降序排序

2. 自定义排序

FineBI 支持自定义排序，允许随意设置当前字段内容的顺序，且直接拖曳即可调整。

例如，在“纵轴”区域，单击“合同类型”字段右侧的下拉按钮，再单击“自定义排序”，进入如图 5-3 所示的自定义排序界面，可直接拖曳来调整顺序。

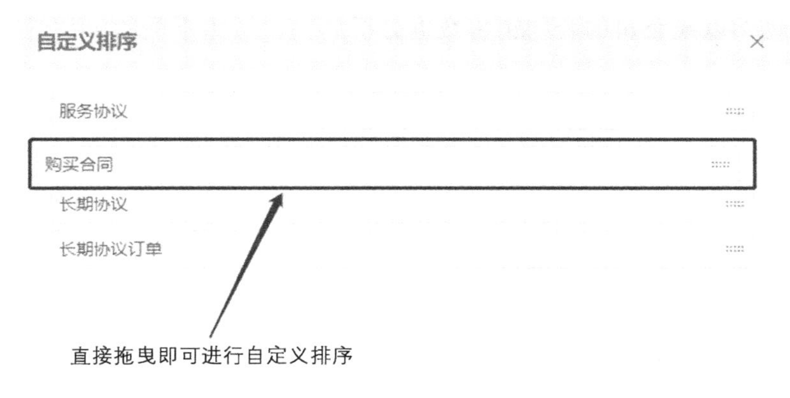

图 5-3　自定义排序

3. 表头排序

除了按照字段排序和自定义排序，针对表格组件，还可以在表格的列表头处设置排序方式（见图5-4），其中，维度字段支持组内升序、组内降序两种方式，指标字段支持升序、降序和不排序三种方式。

图 5-4　表头排序

5.2　过滤：按照不同条件显示合同销售额

在分析数据时，有时候需要过滤掉无关的数据，只显示我们关心的数据。FineBI有多种图表过滤方式，包括按字段过滤、使用结果过滤器、按指标明细过滤。同样地，表格组件也支持表头过滤。

下面仍然以某公司的合同销售数据分析为例，按照不同的条件对合同销售额进行过滤。

首先，在仪表板中添加组件，选择内置“销售 DEMO”业务包中的“合同事实表”选项。

其次，在“图表类型”区域单击选择“分组表”选项，从“待分析维度”区域将“合同类型”和“合同付款类型”字段拖曳至“维度”区域，从“待分析指标”区域将“合同金额”字段拖曳至“指标”区域。

最后，进行一些调整，在“组件样式”面板下展开行表头节点，结果如图 5-5 所示。

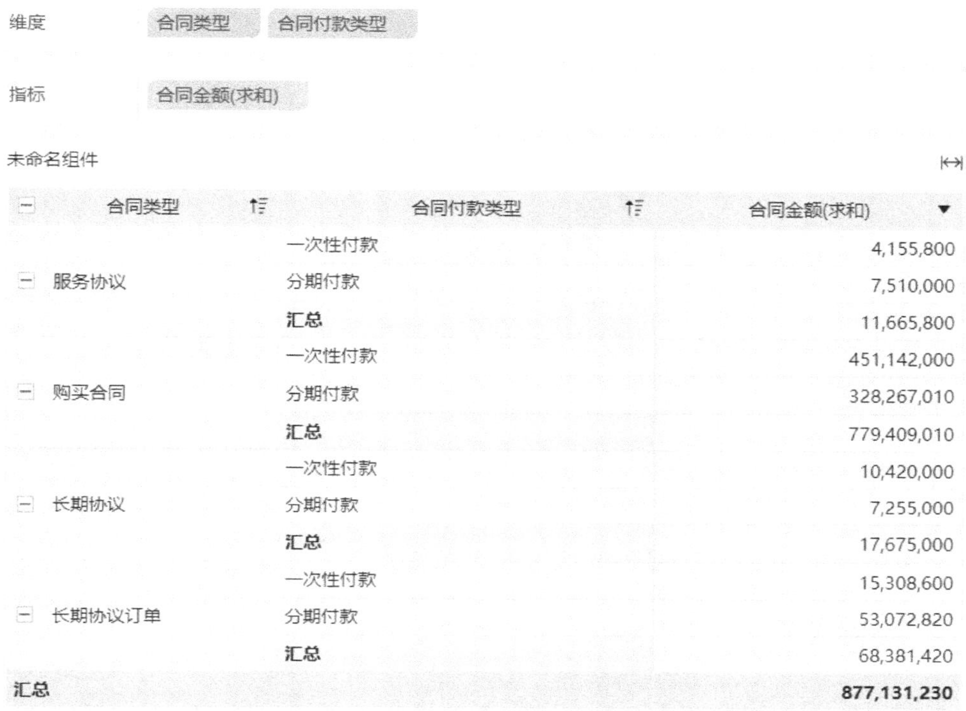

维度　合同类型　合同付款类型

指标　合同金额(求和)

未命名组件

合同类型	合同付款类型	合同金额(求和)
服务协议	一次性付款	4,155,800
	分期付款	7,510,000
	汇总	11,665,800
购买合同	一次性付款	451,142,000
	分期付款	328,267,010
	汇总	779,409,010
长期协议	一次性付款	10,420,000
	分期付款	7,255,000
	汇总	17,675,000
长期协议订单	一次性付款	15,308,600
	分期付款	53,072,820
	汇总	68,381,420
汇总		**877,131,230**

图 5-5　合同销售额分组表

下面按照不同条件进行过滤操作。

1. 按字段过滤

按字段过滤的方式又分为按条件过滤和按公式过滤两种。

按条件过滤支持按当前维度或按已拖曳的指标字段进行过滤，但维度字段和指标字段可选的具体过滤条件不同。

按公式过滤只支持以已拖曳的数值字段作为公式条件，并且支持函数计算。

如果希望过滤掉合同金额不大于 1500 万元的数据，则可以在“维度”区域单击“合同类型”字段右侧的下拉按钮，再单击“过滤”选项，进入如图 5-6 所示的过滤设置界面，添加过滤条件或过滤公式，即可实现过滤。过滤后的结果如图 5-7 所示，可以看到，汇总合同金额小于 1500 万元的服务协议类合同已经不在分组表中了。

图 5-6　设置过滤条件

未命名组件

合同类型	合同付款类型	合同金额(求和)
购买合同	一次性付款	451,142,000
	分期付款	328,267,010
	汇总	779,409,010
长期协议	一次性付款	10,420,000
	分期付款	7,255,000
	汇总	17,675,000
长期协议订单	一次性付款	15,308,600
	分期付款	53,072,820
	汇总	68,381,420
汇总		**865,465,430**

图 5-7　按字段过滤结果

2. 使用结果过滤器

结果过滤器在“表格属性”或“图形属性”面板的最下方，支持拖入任何想要过滤的字段，一般适用于对不显示的维度或指标进行过滤。

如图 5-8 所示，若想要过滤得到已交货合同的相关统计数据，但不希望将“是否已经交货”字段显示在表格中，此时就可以在图 5-7 的基础上，使用结果过滤器功能（明细表不支持结果过滤器），添加一个“是否已经交货属于‘是’”的条件。

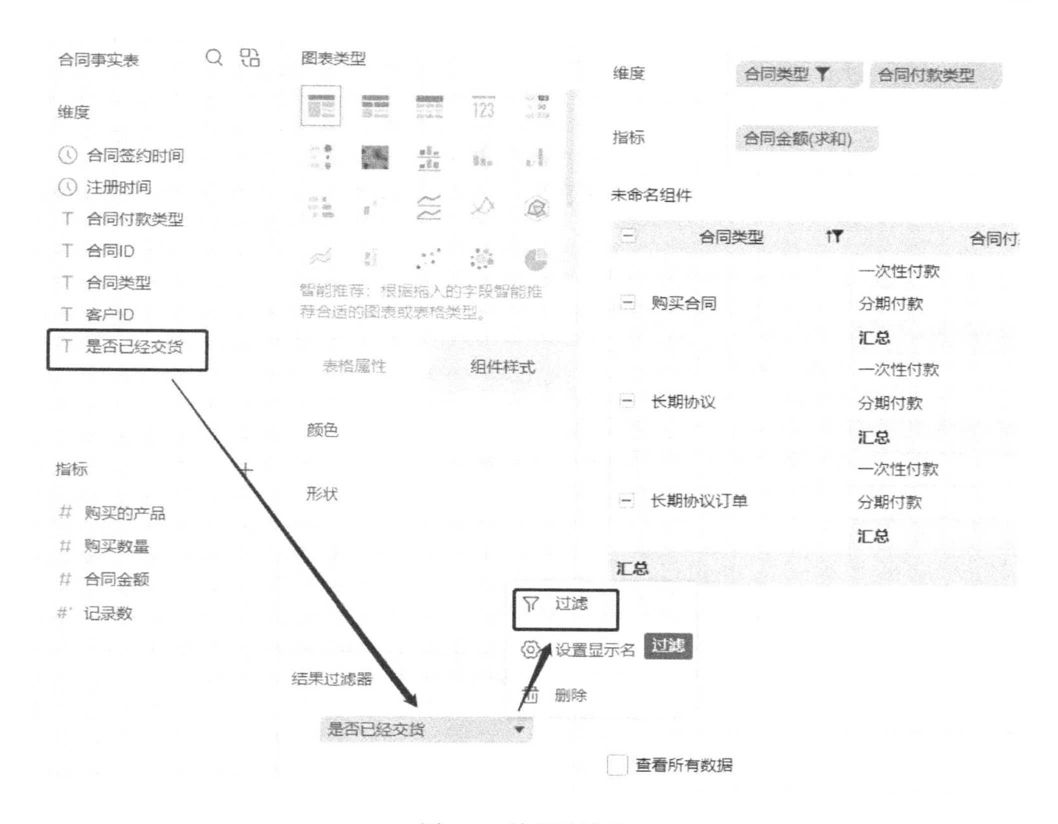

图 5-8　结果过滤器

3. 按指标明细过滤

除了按字段过滤和使用结果过滤器，还可以在“待分析指标”区域单击任意指标字段的下拉按钮，选择“明细过滤”选项，对原始表中的明细数据进行过滤，如图 5-9 所示。按指标明细过滤仅针对指标字段，过滤形式同样包括“添加条件”和“添加公式”两种。

4. 表头过滤

同样地，在表格的列表头处也可以设置表格的过滤条件，如图 5-10 所示。维度字段的过滤设置包含“添加条件”和“添加公式”两种，指标字段的过滤设置只包含“添加条件”一种，具体设置方式与其他过滤方式相同，此处不再赘述。

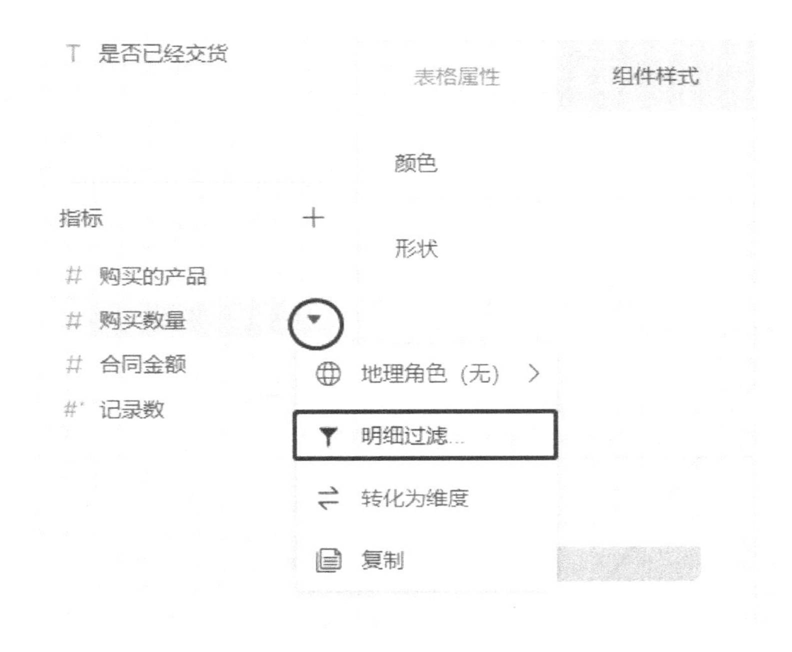

图 5-9 按指标明细过滤

未命名组件

合同类型	合同付款类型	合同金额(求和)
购买合同	一次性付款	451,142,000
	分期付款	328,267,010
	汇总	779,409,010
长期协议	一次性付款	10,420,000
	分期付款	7,255,000
	汇总	17,675,000
长期协议订单	一次性付款	15,308,600
	分期付款	53,072,820
	汇总	68,381,420
汇总		865,465,430

组内升序
组内降序
过滤...

图 5-10 表头过滤

5.3 分组

分组也是数据可视化中常用的一个操作，用于分类展示数据。FineBI 默认的分组方式是“相同值为一组”。如果需要对原有的维度字段进行自定义的分组设置，可以通过自定义分组功能来实现。根据字段类型的不同，自定义分组又可分为文本字段分组和指标字段分组。

1. 文本字段分组：按照区域显示合同金额

以内置“销售 DEMO”业务包中的“地区数据分析”自助数据集为例，将“省份”字段拖拽至“横轴”区域，将“合同金额”字段拖拽至“纵轴”区域，图形形状选择柱形图，则得到的结果如图 5-11 所示。

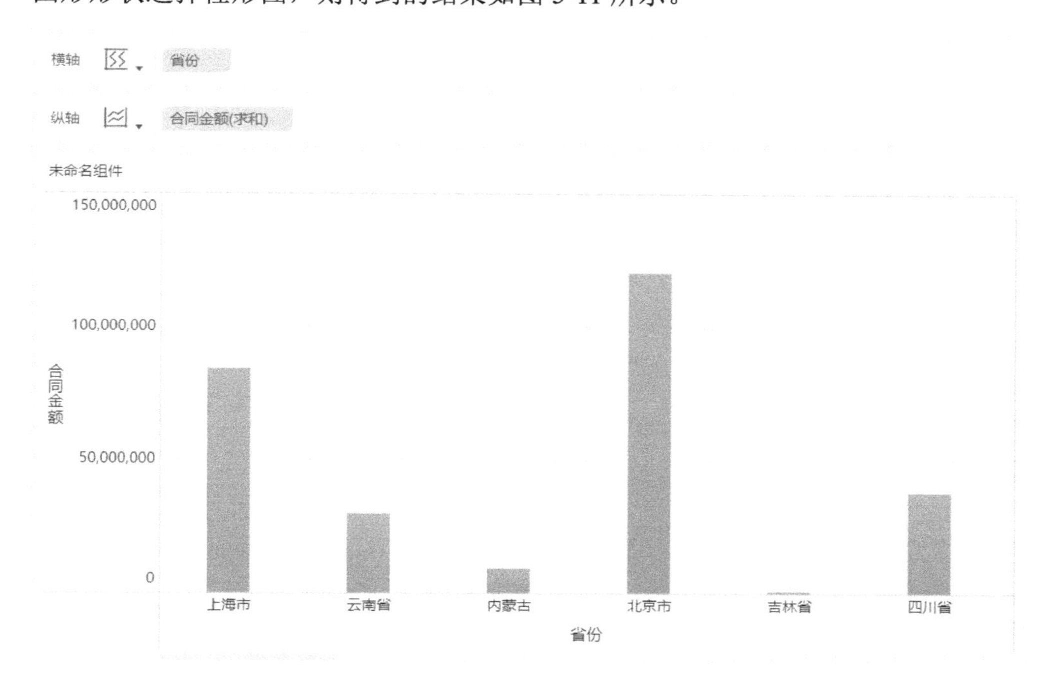

图 5-11　不同省份的合同金额柱形图

可以看到，初始数据统计的是不同省份的合同金额，但我们希望以区域的方式，按照华南、华北、东北等来显示合同金额，那么，就需要单击“横轴”区域的“省份”字段右侧的下拉按钮，再单击“自定义分组”选项，进入如图 5-12 所示的自定义分组设置界面。

进入自定义分组设置界面后，可以自由选择需要划分为同一组的数据（可多选），然后单击“添加分组”按钮，为新分组重命名，如图 5-13 所示。另外，也可以通过移动 / 复制功能调整分组内容。

单击“确定”按钮，最终自定义分组结果如图 5-14 所示。

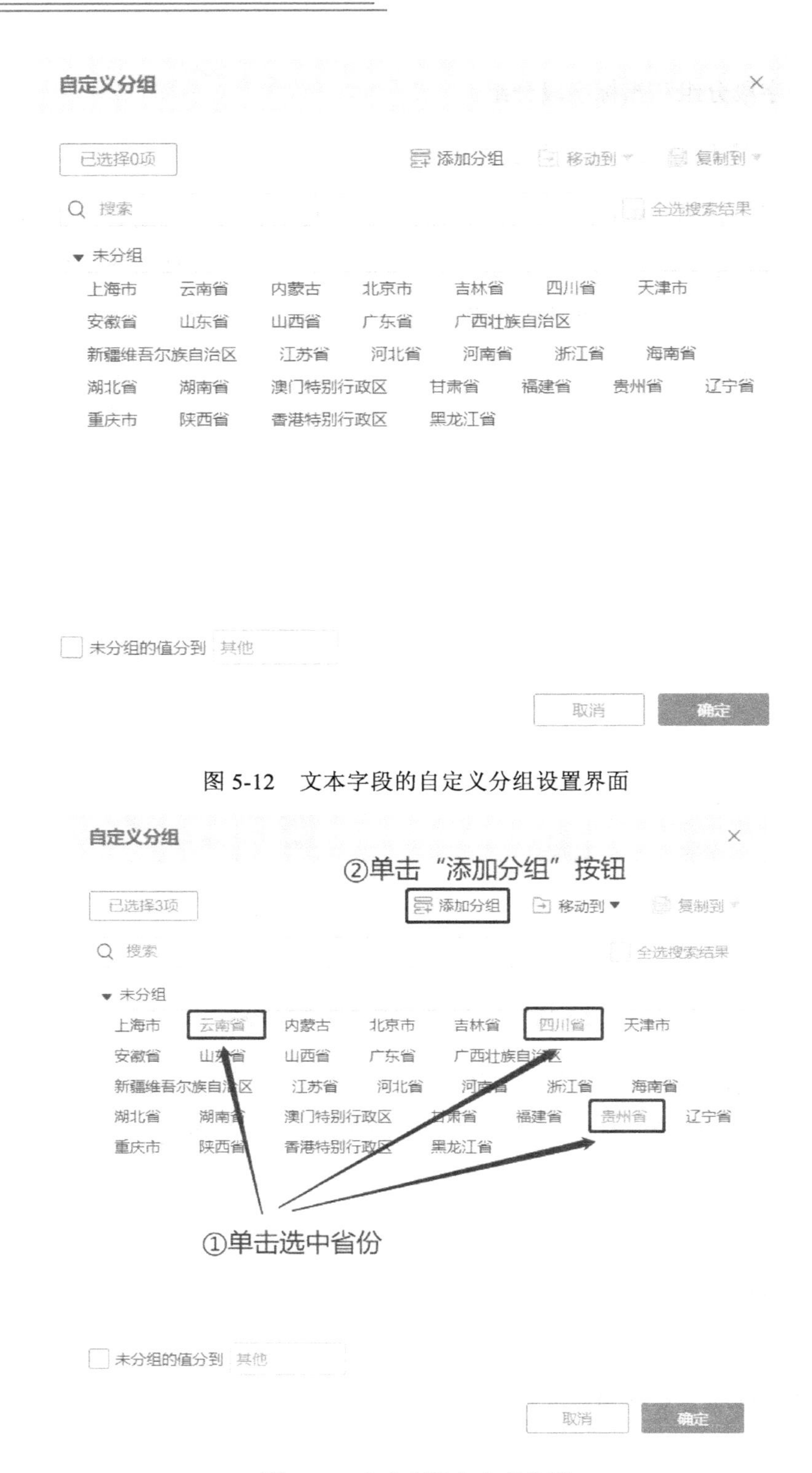

图 5-12　文本字段的自定义分组设置界面

图 5-13　文本字段自定义分组

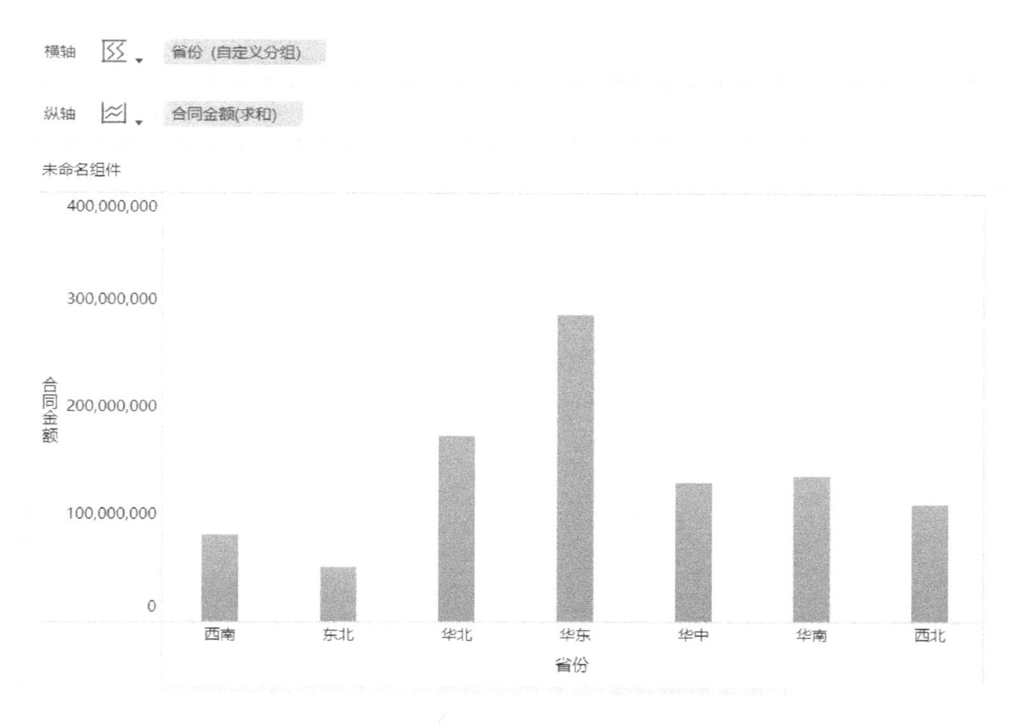

图 5-14　按照区域显示合同金额

2. 指标字段分组：按照区间显示合同金额

对于指标字段，如果想进行自定义分组，需要先将其转换为维度，拖曳至“维度”或“纵轴”区域，再单击字段的下拉按钮，选择“自定义分组”选项。指标字段的分组有两种方式，即自定义区间分组和固定步长区间分组，默认为自定义区间分组。

自定义区间分组可以让用户自由添加分组及修改分组的数值区间，对不想要的分组，单击分组右边的小叉号就可以删除，如图 5-15 所示。

当分组方式为自动时，即固定步长区间分组，系统将自动计算一个合适的区间间隔，该间隔也可以由用户手动调整，同时系统会提示当前区间间隔划分的分组个数，如图 5-16 所示。

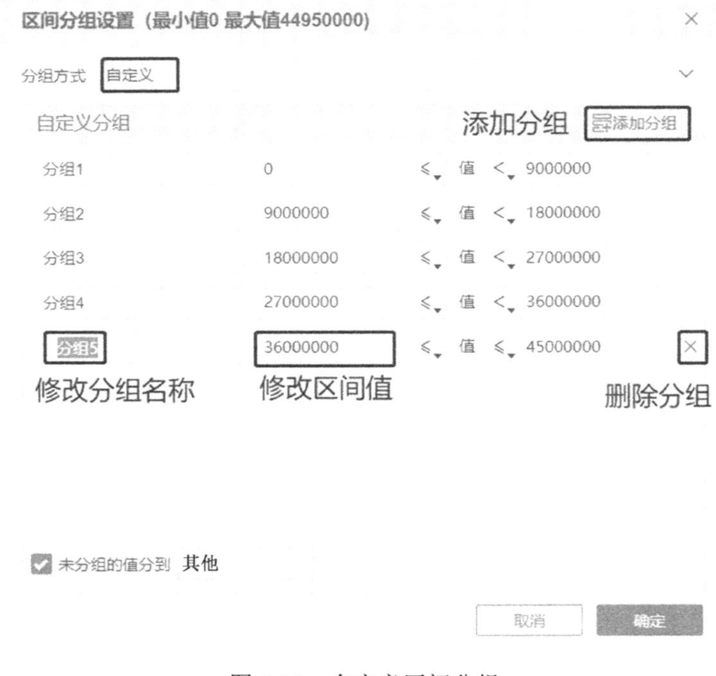

图 5-15　自定义区间分组

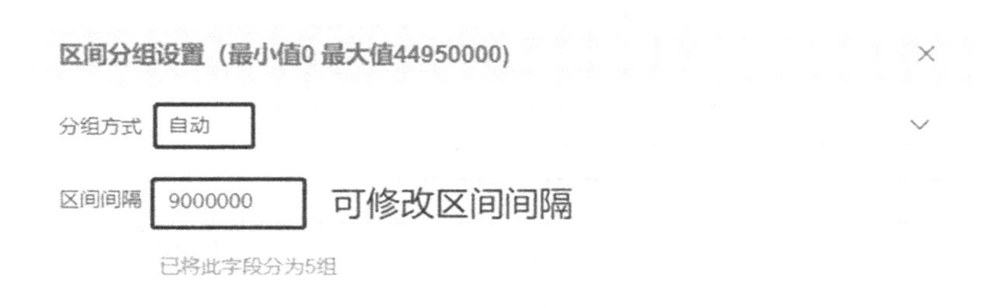

图 5-16　固定步长区间分组

5.4　指标计算

在制作可视化图表的过程中，经常需要对一些指标进行计算，从而辅助分析数据。自助数据集的计算不能在分析过程中实现，而需要借助 FineBI 在可视化组件工作区提供的指标计算功能实现，该功能包括添加计算指标、更改指标汇总方式、快速计算、二次计算四类操作。

1. 添加计算指标：利用合同金额和回款金额计算回款率

FineBI 的添加计算指标操作用于对已有指标项进行再计算，从而得到新的计算指标，添加的计算指标只能是数值类型。单击“待分析指标”区域右侧的“+”按钮，弹出如图 5-17 所示的指标计算窗口，通过选取函数、选择字段、选择运算符号等操作即可得出新指标。

图 5-17　指标计算窗口

在添加计算指标时，需要注意明细表达式和聚合表达式的区别，尤其是在有维度分组的情况下。明细表达式先计算后汇总，聚合表达式则先汇总后计算。下面以 FineBI 内置的“销售 DEMO”业务包中的“地区数据分析”自助数据集为例，通过回款率的计算来详细介绍二者的区别。

（1）在“图表类型”区域选择“分组表”选项，将“待分析维度”区域的“合同签约时间”字段拖曳至“维度”区域，时间分类方式选择“年”；将“待分析指标”区域的“合同金额”和“回款金额”字段拖曳至“指标”区域，结果如图 5-18 所示。

合同签约时间...	合同金额(求和)	回款金额(求和)
2011	1,100,000	550,000
2012	1,576,000	1,400,000
2013	4,976,040	3,887,220
2014	34,103,500	27,334,900
2015	221,088,300	127,845,000
2016	387,987,050	292,120,230
2017	331,351,800	218,186,300
汇总	**982,182,690**	**671,323,650**

图 5-18　合同金额与回款金额分组表

（2）单击“待分析指标”区域右侧的“+”按钮，在弹出的指标计算窗口中输入公式“回款金额/合同金额”，并将指标名称修改为“回款率（明细）”。

（3）再添加一个计算指标，在计算指标窗口中输入公式“sum_agg（回款金额）/sum_agg（合同金额）”，将指标命名为“回款率（聚合）”。

（4）将添加的两个指标拖曳至“指标”区域，如图 5-19 所示，查看结果。

合同签约时间(年)	合同金额(求和)	回款金额(求和)	回款率（明细）...	回款率（聚合）...
2011	1,100,000	550,000	1	0.5
2012	1,576,000	1,400,000	0.89	0.89
2013	4,976,040	3,887,220	28	0.78
2014	34,103,500	27,334,900	70.33	0.8
2015	221,088,300	127,845,000	134.69	0.58
2016	387,987,050	292,120,230	∞	0.75
2017	331,351,800	218,186,300	135.84	0.66
汇总	**982,182,690**	**671,323,650**	∞	**0.68**

图 5-19　汇款率的明细计算与聚合计算

从图 5-19 中可以看到，大部分的回款率（明细）值居然是大于 1 的，这明显是错误的结果，而回款率（聚合）值则在正常的数值范围，是正确的结果。

那么，为什么会出现这样的结果呢？这是因为在 FineBI 中添加计算指标时，如果直接使用指标进行计算，则将先对明细数据做除法运算，得到每一行的数据，然后在分组表中对这些计算结果求和；而聚合函数的计算方式是先对当前维度的指标求和，然后进行除法运算。这样一来，就不难理解明细表达式和聚合表达式的区别了。

2. 更改指标汇总方式：更改指标数值的统计方式

FineBI 中默认的指标汇总方式为求和，其统计的是按照维度字段进行分组后的指标求和数值。如果需要更改指标数值的统计方式，如采用求平均、求中位数、求最大值等，则可以在“纵轴”或“指标”区域单击指标字段右侧的下拉按钮，选择“汇总方式”选项进行更换，如图 5-20 所示。表格组件与图表组件支持的汇总方式相同，详细的汇总方式介绍可以参考 FineBI 帮助文档《图表汇总方式》[1]。

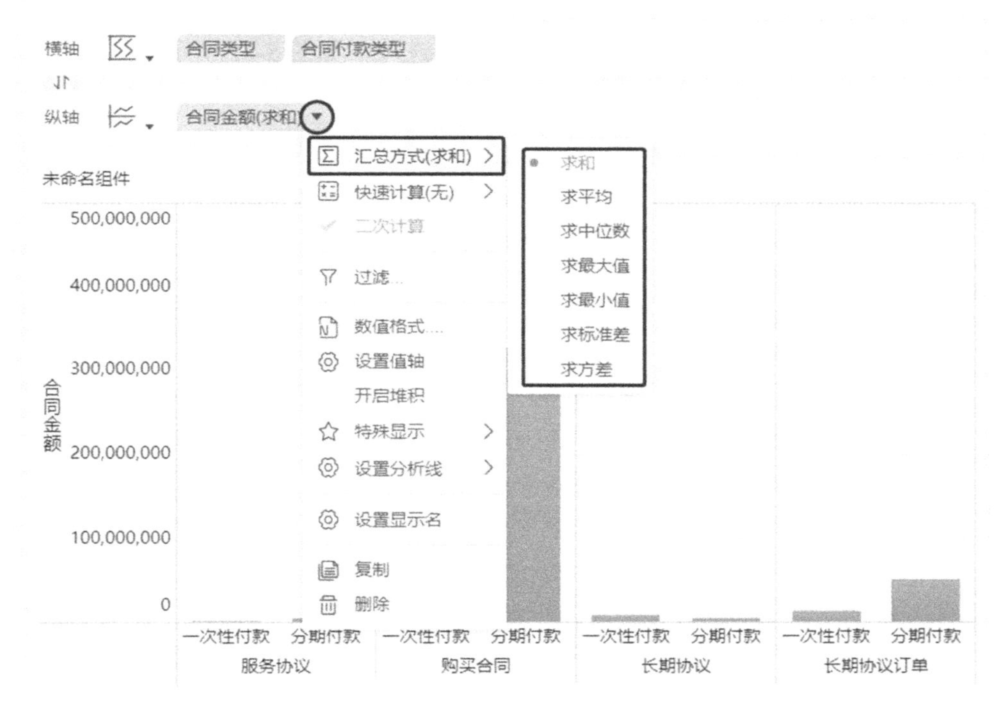

图 5-20　汇总方式更改

1 https://help.finebi.com/doc-view-236.html。

3. 快速计算：计算合同金额环比

在进行数据的对比或趋势分析时，经常需要计算同期、同比、环期、环比等指标，以便判断数据的变化幅度。对于拖曳至“维度”或“纵轴”区域的指标字段，FineBI提供了对数值的多种快速计算操作，默认直接拖入指标字段后没有计算操作。

以内置“销售 DEMO”业务包中的“地区数据分析”自助数据集为例，如果希望计算合同金额的环比，首先想到的方法可能是使用公式“（本次数据-上次数据）/上次数据”。但是，在 FineBI 中，有更加快速的方式。

首先，将“待分析维度”区域的“合同签约时间”字段拖曳至“横轴”区域，时间分类方式选择“年”；将“待分析指标”区域的“合同金额”字段拖曳至“纵轴”区域。

其次，在“纵轴”区域拖入一个“合同金额”字段，单击其右侧下拉菜单，选择“快速计算”选项，然后选择“求环比”选项，如图 5-21 所示。

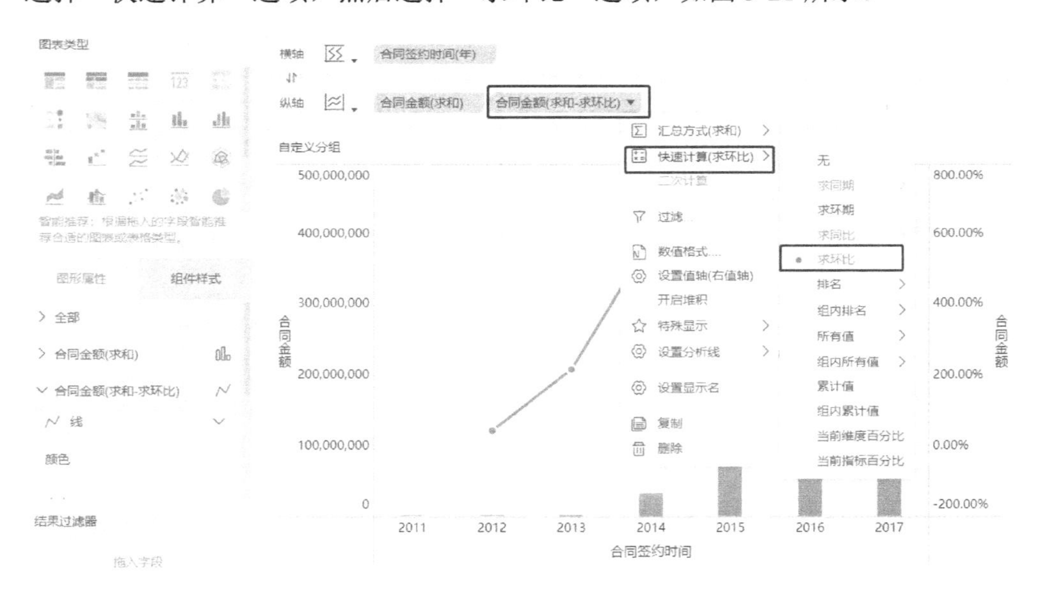

图 5-21　快速计算

最后，将求环比的合同金额字段形状更改为“线”，值轴设为“右值轴”，数值格式切换为“百分比”。

另外，表格组件和图表组件支持的快速计算方式相同，详细介绍可参考

FineBI 帮助文档《图表快速计算》[1]。

4. 二次计算：针对维度过滤结果进行再次计算

快速计算操作用于在前端快速地对指标项进行计算，而二次计算操作则是对快速计算操作的补充，其可针对维度过滤结果进行再次计算，如图 5-22 所示。

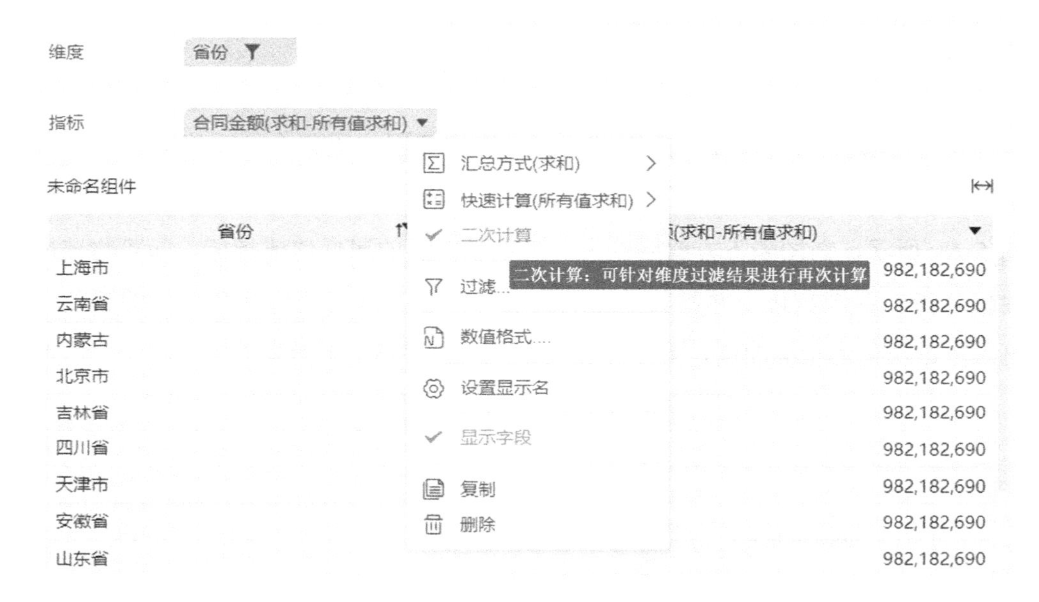

图 5-22　二次计算

当快速计算操作为“无”时，二次计算操作处于无法选择的状态。

当快速计算操作不为“无”时，二次计算操作默认是勾选状态，其会根据维度字段的过滤条件先过滤再计算。例如，先对省份进行过滤，然后进行合同总额的所有值求和快速计算，在默认勾选快速计算的情况下，系统会先过滤再进行所有值求和计算。当关闭二次计算操作时，系统会忽略过滤条件，直接按照快速计算操作计算指标。

5.5　OLAP

OLAP 是商业智能的一项主要技术，可帮助用户从多个维度理解数据。

1 https://help.finebi.com/doc-view-237.html。

OLAP 的基本多维分析操作包括钻取（Drill-up、Drill-down）、切片（Slice）、切块（Dice），以及旋转（Pivot）等。然而从广义的角度来说，任何有助于辅助用户理解数据的技术或操作都可以作为 OLAP 的功能。行列交换的旋转操作在前面已经有所介绍，本节主要介绍切片、钻取、特殊显示和分析线等功能。

5.5.1 切片：减少维度以集中观察数据

切片的作用在于舍弃一些维度或值，以便让用户更集中地观察数据，一般用于维数较多或属性值较多的多维数据空间。FineBI 的切片操作相对简单，如图 5-23 所示，在图表下方的图例中，单击不需要的属性值或指标，即可将该属性值或指标图例灰化，并将其数据从图表中排除，从而达到切片分析的目的。再次单击灰化的指标图例，就可以在图表中恢复该指标的数据。

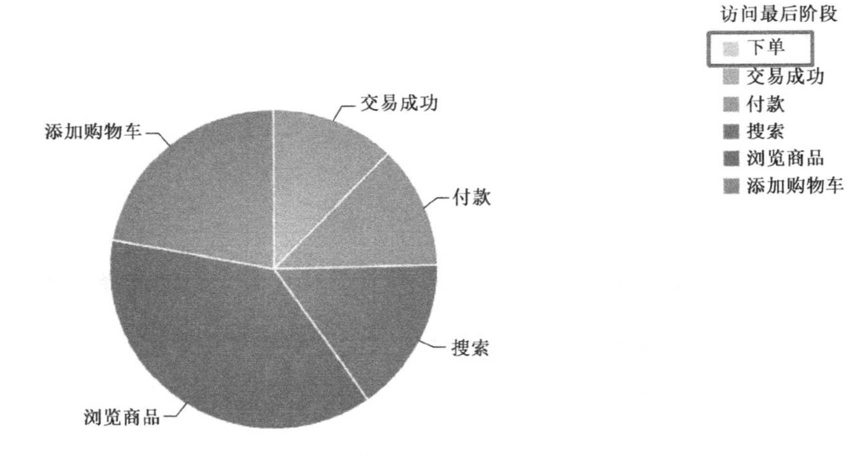

图 5-23　图表切片

5.5.2 钻取：观察省份和省份下各城市的销售额

钻取是非常实用的 OLAP 功能。在利用可视化图表分析业务问题时，往往会先通过统计图表从宏观层面把握业务问题所在，再通过一个页面内的钻取联动逐级向下钻取，直到明细数据，从而定位具体的问题；或者先展示明细数据，再向上钻取以渐增概括的方式汇总数据。

例如，如果希望用坐标轴图展现各省份的销售额，并且单击具体某个省份的数据能够下钻查看该省份下各城市的销售额，则在 FineBI 中的实现步骤如下。

（1）在仪表板中添加组件，选择内置“销售 DEMO”业务包中的“地区数据分析”自助数据集，进入可视化组件工作区。

（2）创建钻取目录。单击“待分析维度”区域“省份”字段的下拉按钮，选择“创建钻取目录”选项，如图 5-24 所示。在弹出的窗口中可以修改名称，这里不做修改，单击“确定”按钮即可。接着单击“待分析维度”区域“城市”字段的下拉按钮，选择“加入钻取目录”选项后单击“省份”选项，这样钻取目录设置就完成了。另外，也可以直接选中需要作为子钻取目录的维度字段，将它们拖曳至需要作为钻取目录第一层的维度字段上，此时会自动生成一个钻取目录，然后按照需要命名即可。

图 5-24　创建钻取目录

（3）将创建的“省份”钻取目录拖曳至“横轴”区域，将“合同金额”字段拖曳至“纵轴”区域，单击“图形属性”面板下的“形状选择”栏，选择“柱形图”选项，此时单击某一具体柱子即可出现“下钻”按钮，实现数据钻取，如图 5-25 所示。

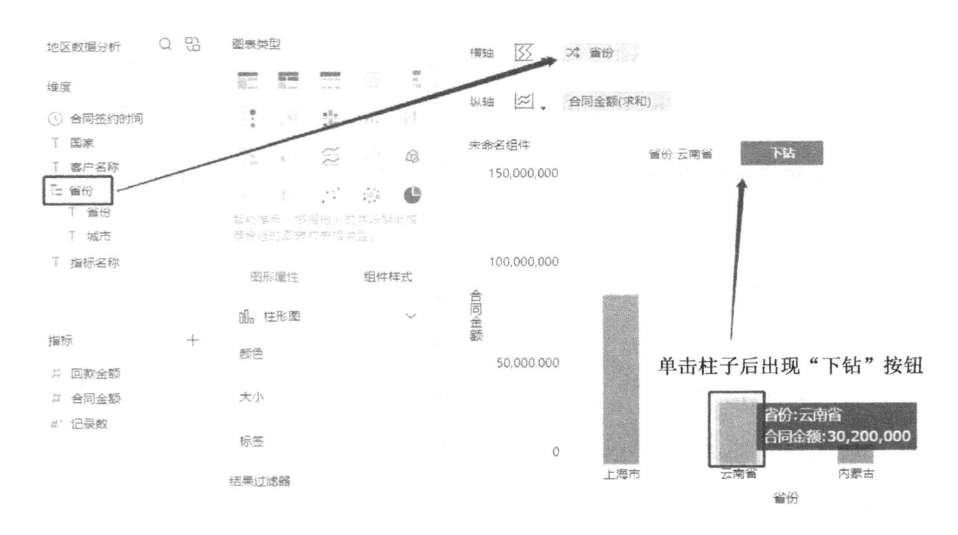

图 5-25　图表数据钻取

（4）定义钻取顺序。如图 5-26 所示，FineBI 默认的固定钻取顺序是按照钻取目录中的字段从上到下，如果想改变顺序，可以自由拖曳排列。

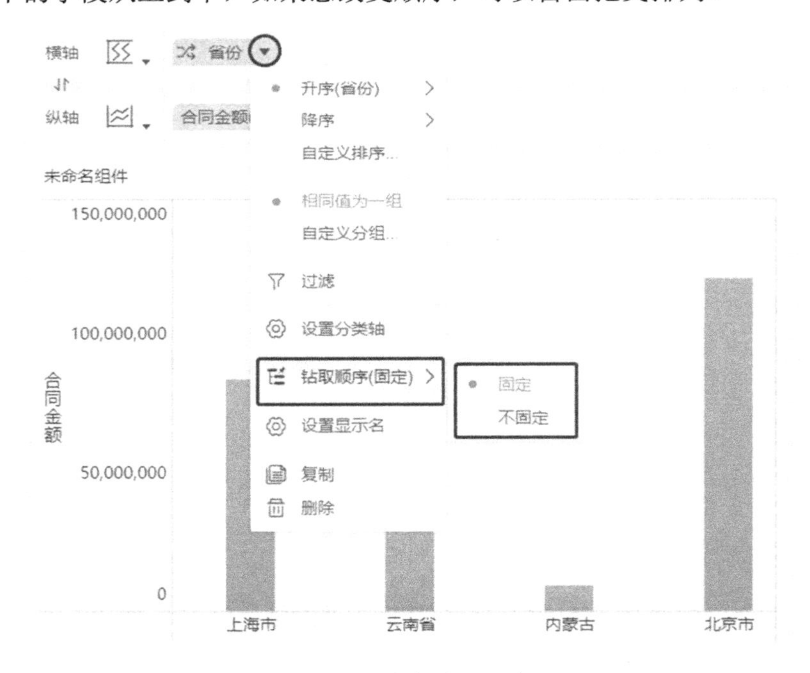

图 5-26　定义钻取顺序

5.5.3　特殊显示：为满足条件的注册人数添加注释

除了常规的 OLAP 功能，在 FineBI 的图表中，还可以将一些满足特定条件的数据设置为突出显示效果，以便帮助用户分析数据。对于拖曳至“纵轴”区域的指标字段，可以通过单击下拉按钮进行特殊显示设置，特殊显示包括注释、闪烁动画和图片填充三种。

注释支持所有图表类型，用于让用户对某些特殊点做批注。

闪烁动画支持所有图表类型，并支持设置闪烁动画的条件和时间周期。

图片填充仅支持柱形图，不支持其他图表类型。设置图片填充后，符合条件的柱子将以对应的图片填充。

下面以 4.2.5 节制作的线形图和注释操作为例，为注册人数不少于 15 的点添加注释。

（1）打开仪表板，进入如图 4-25 所示的可视化组件工作区。

（2）单击“纵轴”区域“记录数”字段的下拉按钮，选择“特殊显示”选项，再单击“注释”选项，弹出注释设置窗口。

（3）在注释设置窗口，单击“添加”按钮，设置条件为“大于等于”，数值设置为“15”；单击最右侧的“字段选择”按钮，选择“记录数（总行数）”字段，将其添加至注释文本框，如图 5-27 所示。

（4）单击“确定”按钮返回可视化组件工作区，查看效果，如图 5-28 所示。

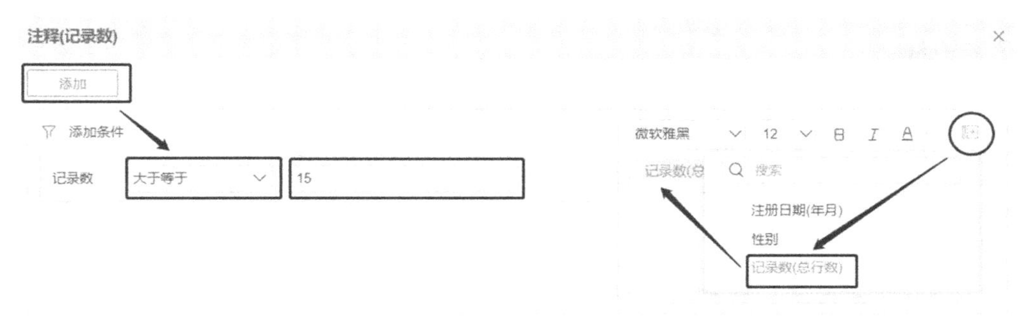

图 5-27　设置注释

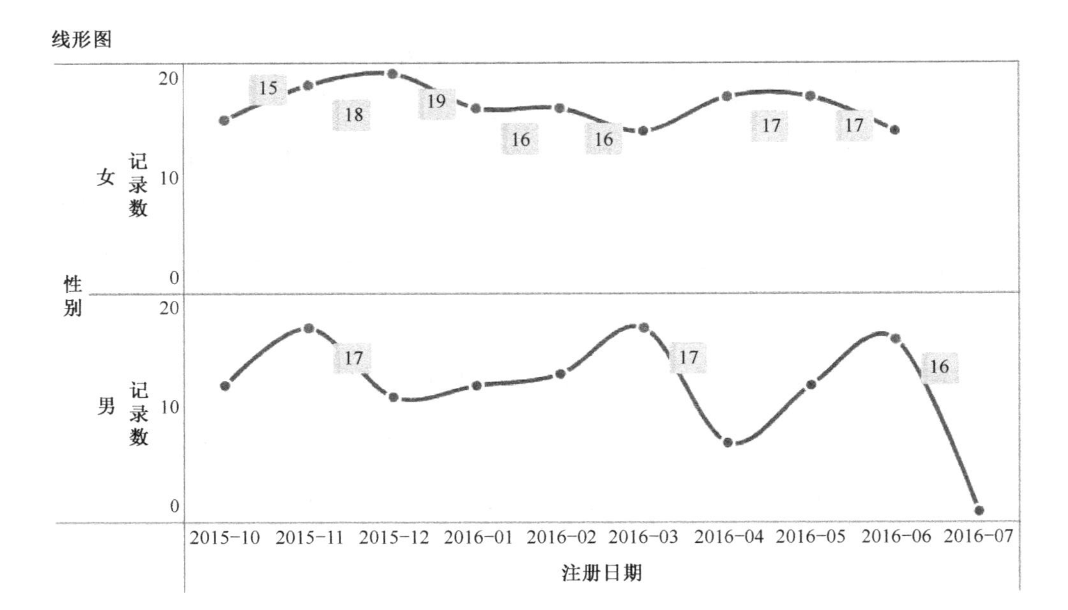

图 5-28　添加注释后的线形图效果

5.5.4　分析线：添加平均回款金额警戒线

FineBI 还提供了图表分析线来辅助用户分析数据。分析线分为警戒线和趋势线两种。警戒线用于在图表中对指标的某些数值做出预警，如低于均值的销售额；趋势线用于对图表中的变化做拟合的走势线，以便直观地观察变化趋势。其中，趋势线又提供了“指数拟合”“线性拟合”“对数拟合”“多项式拟合”四种拟合方式，用户可根据数据走势进行选择。

下面我们以 4.2.2 节制作的柱形图和警戒线为例，为回款金额添加一条平均值警戒线。

（1）打开仪表板，进入如图 4-16 所示的可视化组件工作区。

（2）单击“横轴”区域“回款金额”字段的下拉按钮，选择“分析线”选项，再单击“警戒线”选项，弹出警戒线设置窗口。

（3）在警戒线设置窗口，单击“添加警戒线”按钮，命名警戒线为“平均回款金额”；设置警戒线条件为“平均值”，单击“确定”按钮，如图 5-29 所示；线型颜色为默认即可。

（4）单击“确定”按钮返回可视化组件工作区，查看效果，如图 5-30 所示。

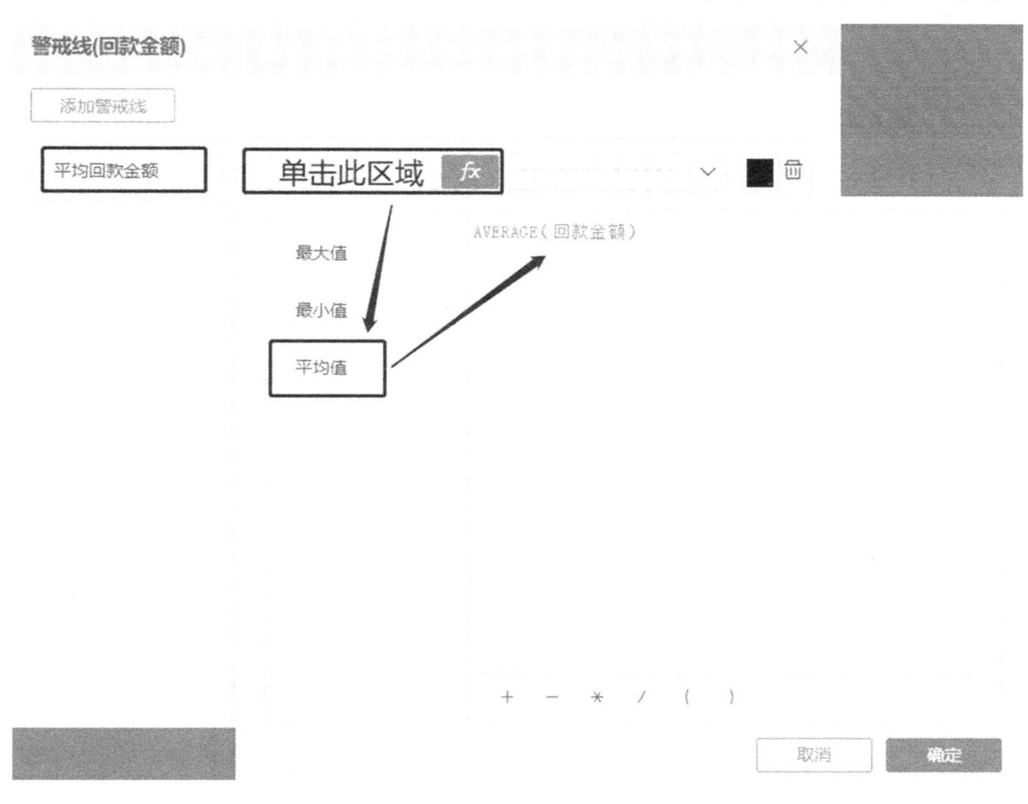

图 5-29　设置警戒线

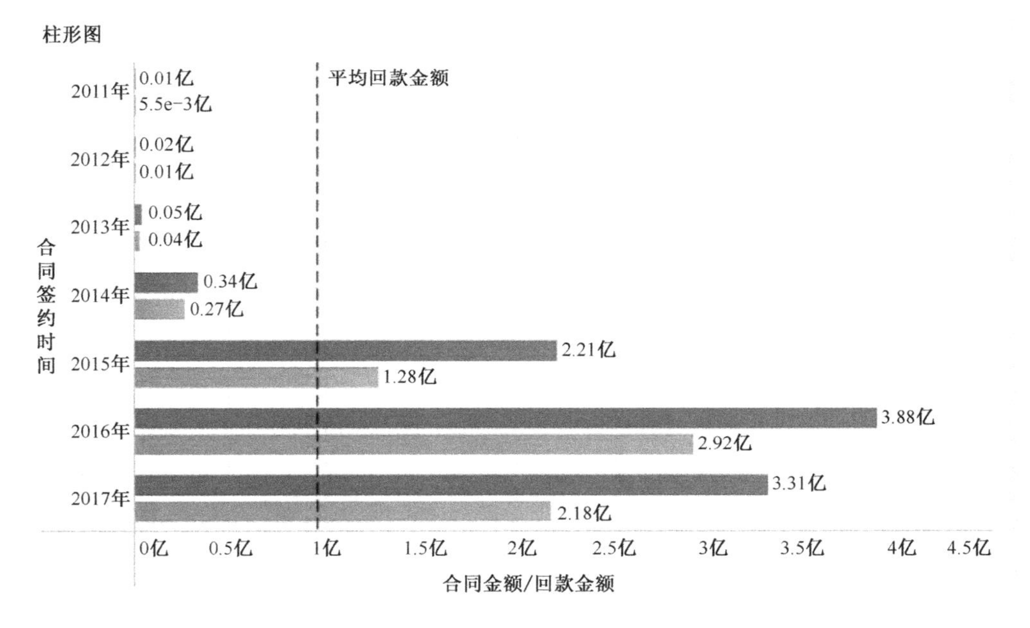

图 5-30　添加警戒线后的柱形图效果

思考与实践

1. 理论知识

（1）“待分析维度”区域的初始维度字段支持重命名和删除操作吗？

（2）计算指标中的明细表达式和聚合表达式的区别是什么？

（3）对指标字段进行区间分组有哪几种方式？分组有什么前提条件？

（4）图表的过滤和排序操作相对于表格来说有什么区别？

（5）FineBI 图表的分析线有哪些种类，分别有什么作用？

2. 操作实践（Sqlite 数据库：Exercises.db）

（1）销售额环比计算分析。

使用 Exercises.db 数据库中的销售明细表（SalesDetails），并使用可视化组件对各年月的销售额环比进行分析（效果模板见图 5-31），并实现以下效果：

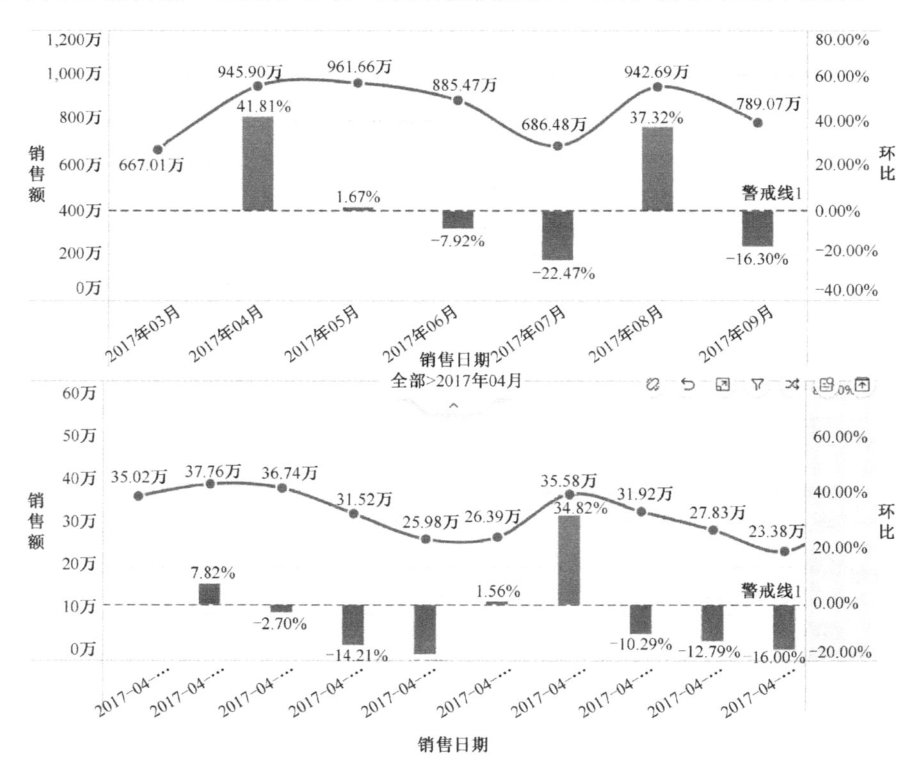

图 5-31　销售额环比计算分析效果模板

① 销售额环比小于 0 的柱子渲染为红色；

② 可实现从年月到年月日的钻取，同时保留销售额和销售额环比；

③ 单击柱子可以在当前页面弹出一个小窗口，显示当月/当日的明细订单数据。

（2）二八分析（不使用自助数据集计算）。

使用 Exercises.db 数据库中的销售明细表（SalesDetails）和品牌维度表（BrandDimension）建立数据表之间正确的关联关系，然后使用可视化组件对各大品牌的销售额进行二八计算分析（帕累托图，效果模板见图 5-32），同时实现以下效果：按照销售额降序，将累计占比小于80%的销售额、累计销售额和累计占比渲染为红色，并且添加闪烁动画效果。

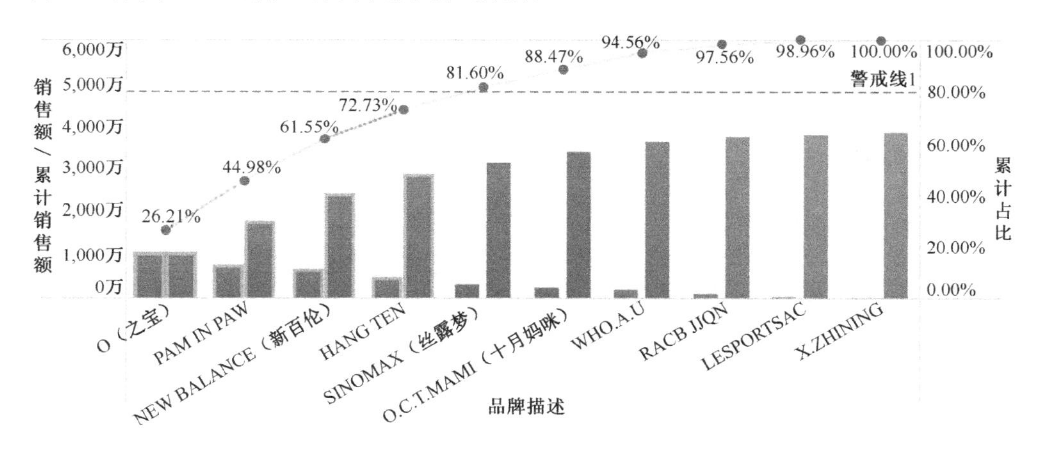

图 5-32 二八分析效果模板

第 6 章　仪表板设计：销售管理中心驾驶舱

在第 4 章和第 5 章，本书就可视化组件工作区的图表设计和相关操作进行了详细说明，但这两章介绍的对象均为单张图表。有时单张图表并不能满足多个角度的分析需求，还需要使用多张图表并设置图表间的交互，此时仪表板就派上了用场。本章将以销售分析为例，带领读者进入仪表板工作区，设计完整的仪表板，并在仪表板中对组件进行控制、调整、排版布局等操作，最终完成如图 6-1 所示的销售管理中心驾驶舱的制作。

本章主要内容：

- 制作可视化组件
- 添加过滤与展示组件
- 调整仪表板样式
- 调整布局
- 预览、导出、分享仪表板

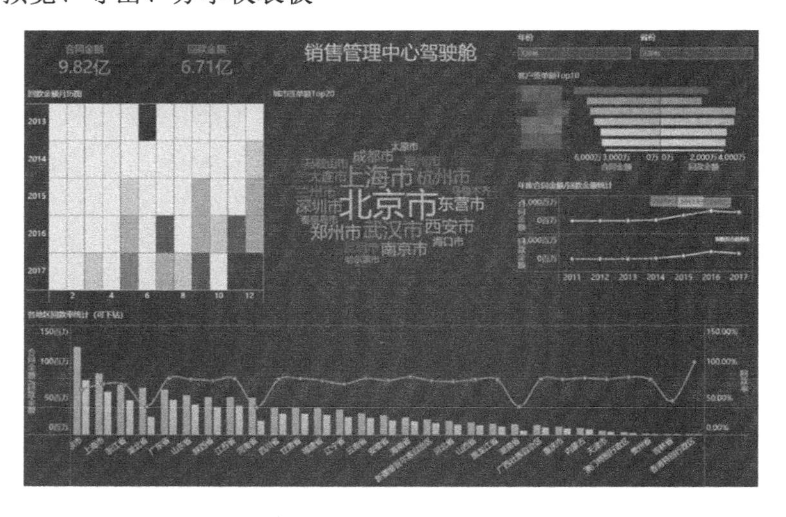

图 6-1　销售管理中心驾驶舱

6.1　可视化组件

6.1.1　制作组件

前面提到，仪表板是图表、表格等可视化组件的容器，能够满足用户在一张仪表板中同时查看多张图表，将多个可视化组件放到一起进行多角度交互分析的需求。那么，设计仪表板的第一步便是在仪表板中添加多个可视化组件。除了在可视化组件工作区制作组件，FineBI 还提供了复用组件的功能。

下面以 FineBI 内置“销售 DEMO”业务包中的“地区数据分析”自助数据集为例，设计销售管理中心驾驶舱。首先制作仪表板所需的组件。

销售是每个企业都绕不开的经营主题，销售分析对企业的重要性不言而喻。销售分析的一个要点是数据标准，没有标准就无法判断销售的现状并找到问题。具体来说，数据间的对比便是销售分析的标准。对比分析可以参考时间、空间、特定和计划四项标准，找到差异，从而找到销售决策的依据。

参考数据标准，销售管理中心驾驶舱应包括整体指标情况和具体数据，具体数据可以从时间、空间、客户等维度来体现。相应地，仪表板所需的组件就可以基于这些维度来制作。我们将各组件的描述整理在表 6-1 中，具体的制作方法在前面已有详细介绍，这里不再赘述。

表 6-1　销售管理中心驾驶舱所需组件

名　称	类　型	维　度	指　标	描述 / 计算方式
合同金额	KPI 指标卡		合同金额	合同金额求和
回款金额	KPI 指标卡		回款金额	回款金额求和
城市签单额 Top20	词云图	城市	合同金额	城市维度按照合同金额排名过滤
客户签单额 Top10	对比柱形图	客户名称	合同金额 回款金额	客户名称按照合同金额排名过滤
回款金额月历图	矩形块图	年、月	回款金额	横轴为月份，纵轴为年份，以矩形块颜色（生长色系）表示回款金额大小

续表

名　　称	类　　型	维　　度	指　　标	描述 / 计算方式
年度合同金额 / 回款金额统计	线形图	年	合同金额 回款金额	观察不同年度合同金额和回款金额的变化趋势，并添加注释、警戒线和趋势线来辅助分析
各地区回款率统计	组合图（柱形图+线形图）	省份城市	合同金额 回款金额 回款率	合同金额与回款金额按地区显示，地区可下钻；回款率= sum_agg（回款金额）/ sum_agg（合同金额）

值得注意的是，我们在 5.5.2 节介绍钻取操作时，已经制作了从省份到城市的合同金额钻取，那么“各地区回款率统计”组件就可以省去部分制作步骤，直接将之前制作的组件复用过来，再进行修改调整即可。如图 6-2 所示，单击仪表板工作区左侧的“复用”按钮，在弹出的文件树中，直接将需要复用的仪表板组件拖曳至当前仪表板即可。

在进行组件属性和样式调整后，初步的效果如图 6-3 所示。

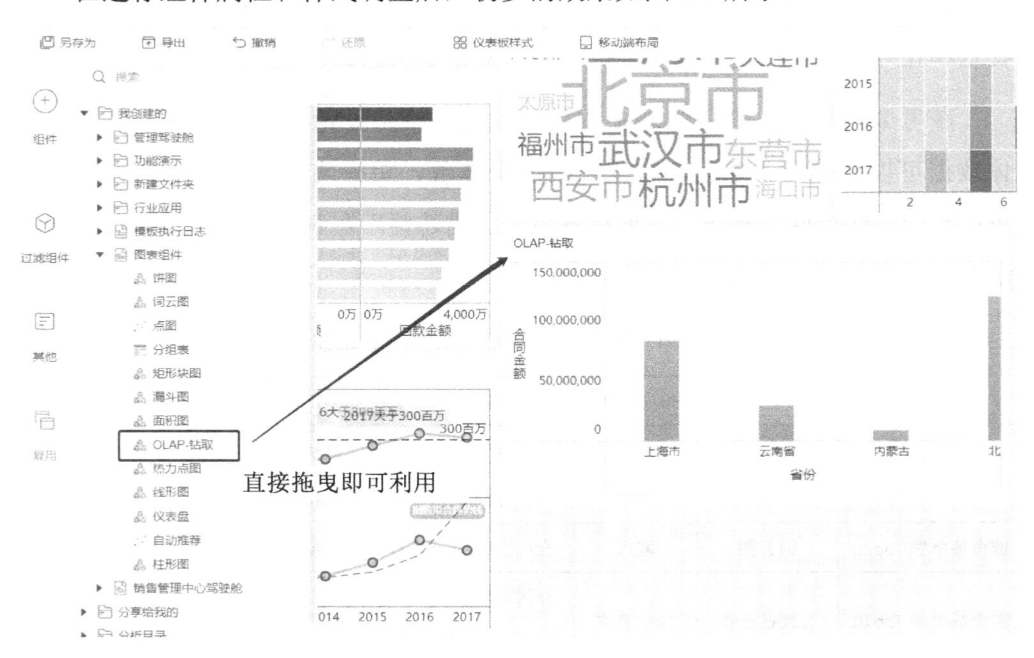

图 6-2　组件复用

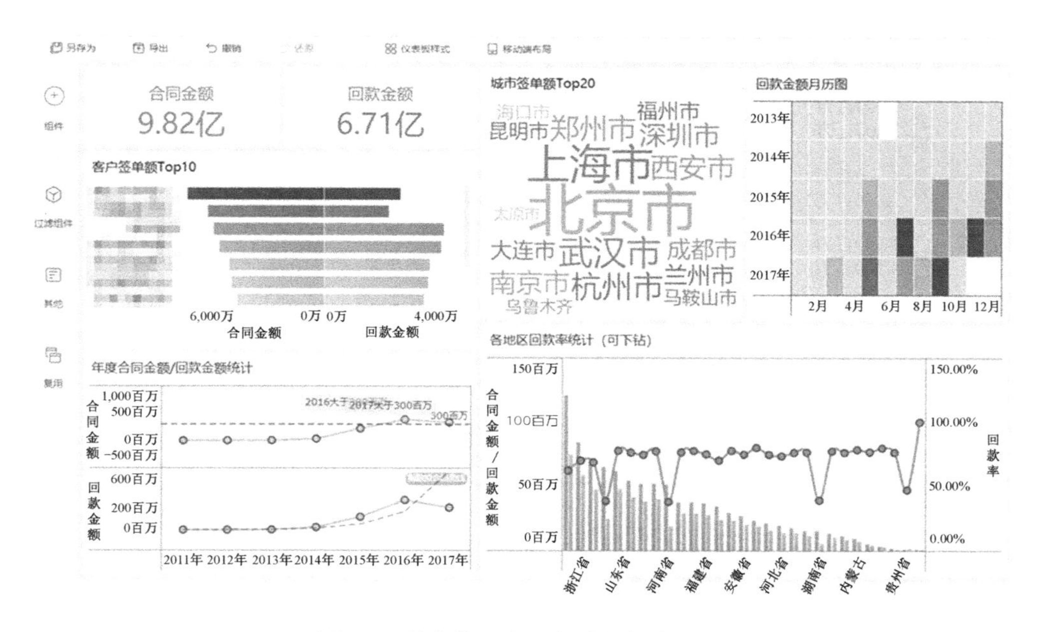

图 6-3　销售管理中心驾驶舱初步效果

6.1.2　组件操作

完成可视化组件的制作后，在仪表板工作区也可以继续对组件进行调整。将鼠标移动到任一组件上，组件右上方会出现可用的组件面板操作，包括复原、放大、过滤、下拉和详细设置，如图 6-4 所示。

复原操作用于图表切片后的原状恢复。

放大操作用于对组件进行最大化查看。

过滤操作用于查看组件中已经设置的过滤条件。

详细设置操作用于直接进入可视化组件工作区进行相关调整。

下拉操作包括详细设置、开启跳转、显示标题、跳转设置、联动设置、编辑标题、悬浮、查看过滤条件、导出 Excel、复制和删除，如图 6-5 所示。跳转、联动和悬浮的相关内容将在后文进行介绍，其他较为简单的操作本节不再赘述。

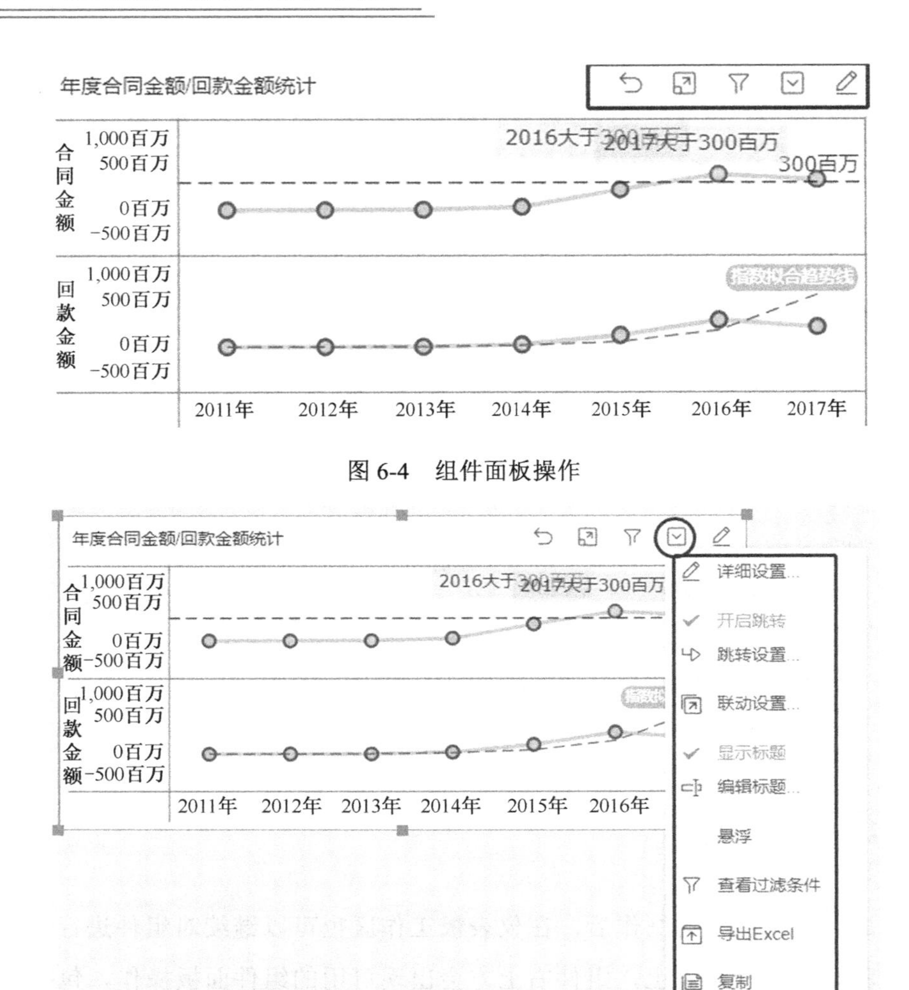

图 6-4　组件面板操作

图 6-5　组件下拉操作

6.2　过滤与展示组件

过滤是数据分析中最常用的方法之一，前面已经介绍了自助数据集过滤和可视化组件过滤的操作，但对于业务人员和数据分析师来说，往往需要从多个维度分析数据，因此，不会一开始就固定过滤条件，而会在仪表板中按照需求选择过滤条件。另外，业务人员和数据分析师经常会用到除数据之外的一些内容，如文本、图片及 Web 页面等来辅助分析。因此，FineBI 在仪表板工作区提供了过滤组件和展示组件。过滤组件用于展示数据和提供过滤的分析交互，具有更全的过滤条件选择和更精细的分析粒度；展示组件则用于添加除数据之外的内容，进一步帮助用户理解仪表板所传达的信息。

6.2.1　过滤组件

FineBI 的过滤组件分为时间过滤组件、文本过滤组件、树过滤组件、数值区间过滤组件、复合过滤组件和按钮六类。

时间过滤组件是用于过滤时间的组件，其数据来源只能是时间类型。根据时间的形式不同，时间过滤组件又可以细分为年、年月、年季度等多个种类。

文本过滤组件用于对文本字段进行过滤，分为文本下拉过滤和文本列表过滤两种方式。文本下拉过滤通过下拉按钮选择过滤条件，文本列表过滤则通过勾选过滤条件左侧的复选框来实现过滤目的。

树过滤组件是展示树形结构过滤数据的过滤组件。通过树过滤组件可以展示有层级关系的字段。例如，国家—省份—城市的层级关系，如果使用文本过滤组件，则各层级的值会混合在一起；而如果使用树过滤组件，则在过滤时可以对国家、城市等同时进行过滤，而且当国家和城市数量较多时，采用树形结构也便于查找。树过滤组件包含下拉树、树标签、树列表三种。

数值区间过滤组件与文本过滤组件的用途类似，不同之处在于数值区间过滤组件是对数值进行的过滤操作，如在销售业务过程中，可以通过数值控件过滤得到销售额在 100 万元以上的销售员的信息。数值区间过滤组件包含数值区间和区间滑块两种类型。其中，数值区间可以由用户自由输入；区间滑块的范围默认为 0 到最大值，用户也可以自行修改。

复合过滤组件用于直接添加多个组合条件进行过滤。需要注意的是，一个仪表板中最多只允许添加一个复合过滤组件。

按钮分为查询按钮和重置按钮，用于实现手动触发查询和重置过滤组件过滤内容的功能。与复合过滤组件相同，一个仪表板中最多只允许添加一个查询按钮和一个重置按钮。

如图 6-6 所示，在仪表板工作区，单击左侧组件管理栏中的“过滤组件”菜单，即可出现过滤组件选择面板，在使用时，选择需要的控件，将其拖入仪表板工作区，再绑定字段即可。在仪表板中完成过滤组件的添加后，单击组件右上方的下拉按钮可以对其进行一些相应的调整和设置操作，如排序、设置字段、调整组件控制范围、重命名等，不同的过滤组件支持的操作也有一定的区别。各过滤组件的详细说明和操作可以见 FineBI 帮助文档《过滤组件》[1]和《过滤组件操作》[2]。

图 6-6 过滤组件入口

回到销售管理中心驾驶舱的例子中，我们添加一个年份时间过滤组件和一个省份文本过滤组件，并将控制范围选择为“客户签单额 Top10”组件，用于对

1 https://help.finebi.com/doc-view-382.html。

2 https://help.finebi.com/doc-view-140.html。

“客户签单额 Top10”组件进行年份和特定客户的过滤对比，如图 6-7 所示。

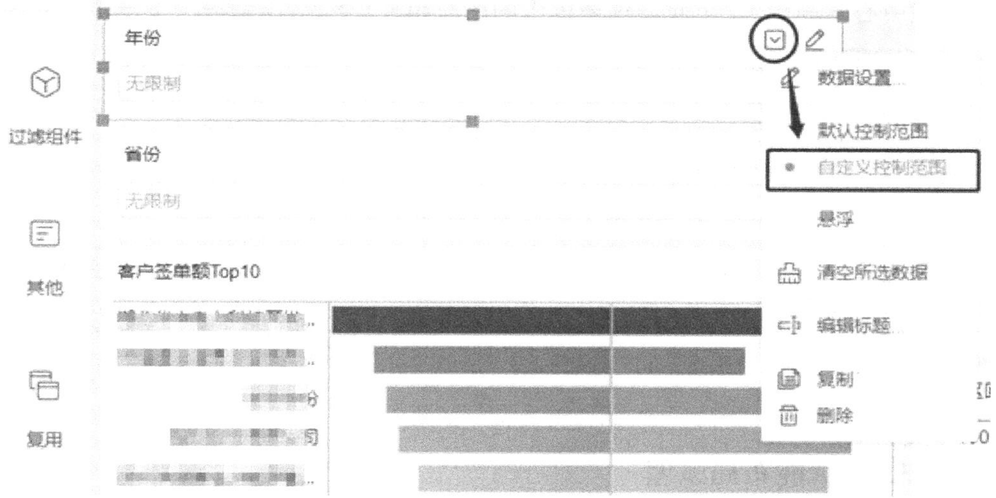

图 6-7　添加过滤组件

6.2.2　展示组件

FineBI 提供的展示组件包括文本组件、图片组件和 Web 组件。

文本组件可添加文字，主要用于对仪表板、组件等进行注释，或给查看仪表板的用户给出文字提示等。

图片组件可用于将图片上传至仪表板中，支持 jpg、png、bmp 及 gif 四种图片类型。

Web 组件用于在仪表板界面中添加链接、展示网页等 Web 界面，使用简单便捷，为数据分析者提供了更加丰富的数据展示方式。

在仪表板工作区，单击左侧组件管理栏的“其他”选项，将需要的展示组件拖曳至仪表板中即可完成展示组件的添加。同样，不同的展示组件也支持不同的组件操作。例如，文本组件可以调整输入文字的格式、颜色、字体、字号等；图片组件支持尺寸的调整和网页超链接的添加操作；Web 组件除了能添加网页 Web，还能添加相对路径以展示其他模板/报表，如为 Web 组件添加链接“/webroot/decision/view/report?viewlet=聚合报表.cpt”，组件即可展示“FineBI/webapps/webroot/WEB-INF/reportlets”目录下的“聚合报表.cpt”。

我们在销售管理中心驾驶舱中添加一个文本组件，并输入仪表板标题“销售管理中心驾驶舱”。至此，仪表板中的所有组件已经制作完毕，下一步是对组件进行布局调整。

6.3 仪表板布局

在完成组件的制作后，可以在仪表板中调整组件的大小与布局，使整个仪表板看起来更美观。另外，还可以设置组件间的联动与跳转，实现动态的可视化分析。

6.3.1 智能布局原理

FineBI 仪表板的布局方式为网格布局，只支持纵向延伸，不支持横向延伸。网格布局将平面按规则划分成多个单元格，每个组件占据一定数量的单元格，组件大小可在仪表板中自由拉伸，宽度最大为屏幕宽度。当屏幕大小发生变化时，单元格会随屏幕实际宽高重新划分，组件相对整个屏幕的比例不变。在默认布局方式下，组件之间有间隙，始终吸顶放置，组件之间不能重叠放置。

下面我们来调整销售管理中心驾驶舱的布局。在一般情况下，根据读者的阅读习惯，仪表板布局也遵循从上到下、从左到右的原则。我们将重要的结果指标放在左上方，仪表板标题放在正中间的位置，其他组件调整成适当的大小，结果如图 6-8 所示。仪表板布局的具体参考原则将在后续章节详细介绍。

6.3.2 组件悬浮

仪表板工作区中的组件之间默认是并列显示的，如果用户希望组件之间能够叠加显示，则可以通过单击勾选组件下拉栏中的“悬浮”功能选项来让组件悬浮叠加到一起。在勾选了“悬浮”选项后，会出现“顺序”功能选项，用于设置悬浮的顺序是位于顶部还是底部，以便在存在多个悬浮组件时调整组件间的上下层次关系。

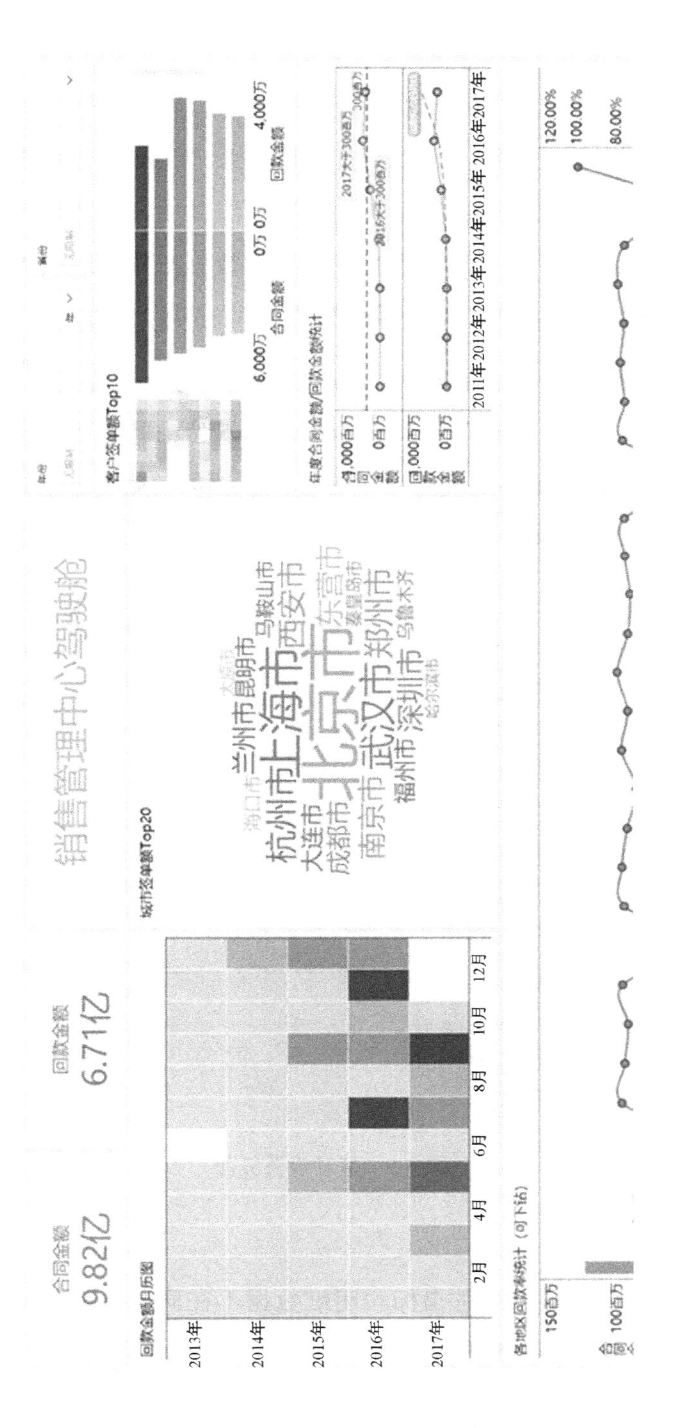
销售管理中心驾驶舱
合同金额
9.82亿
回款金额
6.71亿
回款金额月历图
城市签单额Top20
客户签单额Top10
年度合同金额/回款金额统计
各地区回款率统计（可下钻）

图 6-8 调整仪表板布局

6.3.3 联动与跳转

1. 联动

FineBI仪表板中的组件联动默认继承关联关系。如果一个仪表板中的组件使用的数据来自同一张表或彼此之间具有关联关系，那么通过单击相关图表区域，就可以自动将当前区域的过滤条件传递到其他组件中，并自动计算新的数据图表。如果管理员之前并没有为多个组件使用的数据配置关联关系，但实际数据之间存在相同的字段，则用户可以手动配置组件之间的联动。

在仪表板工作区，单击需要配置联动的组件上方的下拉按钮，进入如图 6-9 所示的联动设置界面，通过勾选和取消勾选各组件中间的“√”来手动配置它们的联动。“销售管理中心驾驶舱”仪表板已经根据关联关系自动设置了组件的联动，这里不再进行调整。

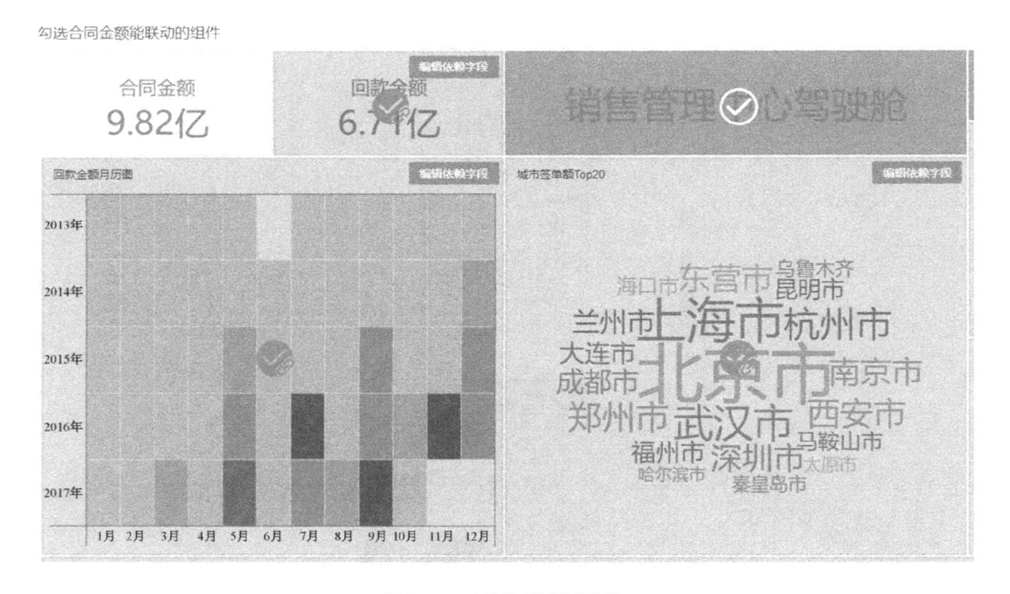

图 6-9　联动设置界面

2. 跳转

跳转功能一般适用于汇总指标和明细数据不在同一仪表板的情况，通过跳转功能能够从一个仪表板跳转到其他内容页面。FineBI的跳转包含分析模板跳转和网页链接跳转两种方式。分析模板跳转的方式将会从当前仪表板跳转到另一个仪表板，网页链接跳转的方式可将跳转网页的 URL 或拼接动态字段值作为参数进行组合传递。

进入仪表板工作区，在需要添加跳转功能的组件右上方单击下拉按钮（确保“开启跳转”处于勾选状态），再单击“跳转设置”即可弹出如图 6-10 所示的跳转设置窗口。

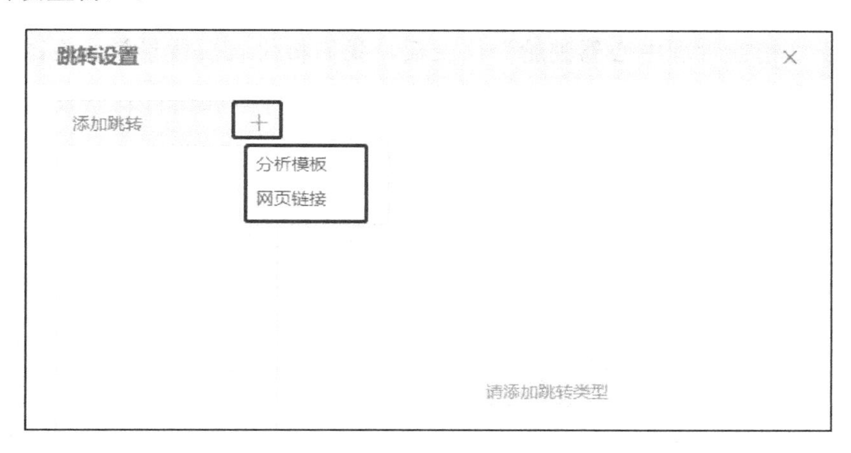

图 6-10　跳转设置窗口

6.3.4　移动端布局

FineBI 的仪表板除了可以在 PC 端查看，还可以在移动端，如手机、Pad 端进行查看，从而让最终用户可以方便地用手指触摸的方式浏览查看系统中的模板。为了能够在移动端更好地查看仪表板，FineBI 在仪表板界面提供了移动端布局功能，使用户可在移动端控制仪表板展示的组件及展示顺序，且该针对移动端布局的调整对 PC 端的仪表板没有任何影响。详细可参考 FineBI 帮助文档《移动端布局》[1]。

6.4　仪表板样式

在调整好仪表板的布局后，我们可以通过调整仪表板样式来设置整个仪表

1 https://help.finebi.com/doc-view-445.html。

板的背景、标题、组件、图表/表格风格和配色、过滤组件主题等，对模板从全局角度进行风格配色的统一。

在 FineBI 的仪表板工作区，单击上方“仪表板样式”菜单即可配置仪表板的样式。需要注意的是，组件会优先使用自身设置的样式，即使用户设置了不同的仪表板全局样式。

对于“销售管理中心驾驶舱”仪表板，我们将仪表板背景类型更改为图片并上传背景图，组件间隙设置为“无间隙”，再将标题和组件背景设置为“透明”，如图 6-11 所示。

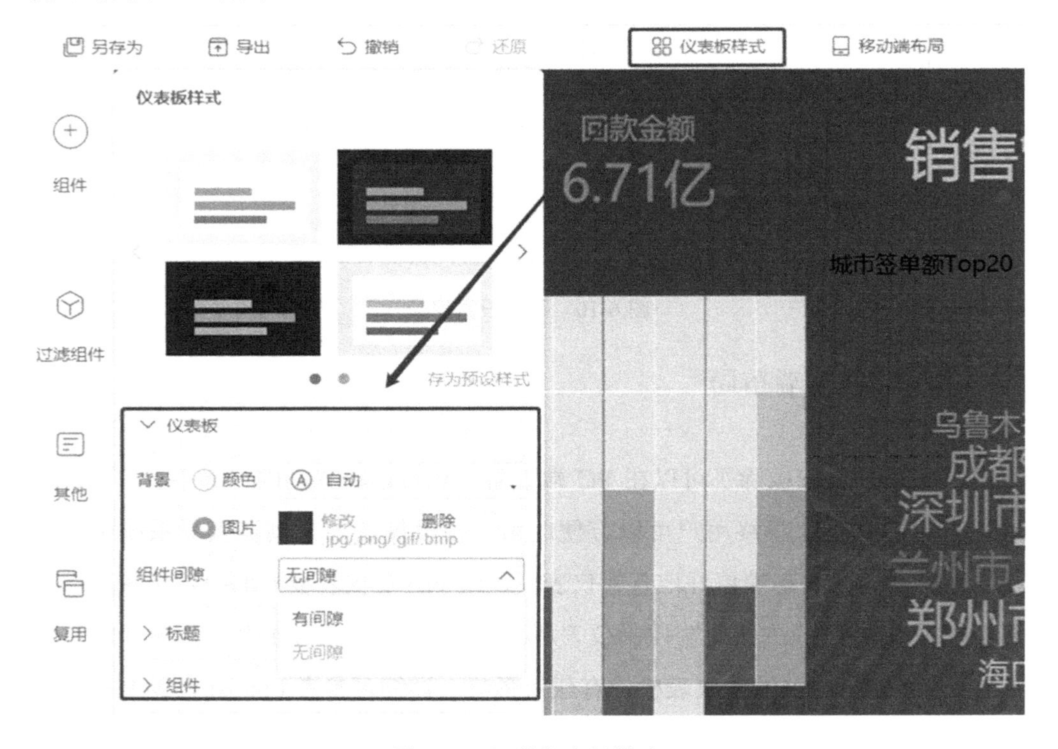

图 6-11 调整仪表板样式

可以看到，在图 6-11 中，由于背景图片的原因，可视化图表的标题和坐标轴文字不能清晰地显示，因此，需要对标题文字样式和坐标轴文字样式进行进一步的设置。另外，“各地区回款率统计（可下钻）”组件横轴的省份名称显示不全，我们在“设置分类轴”选项中将“文本方向”调整为“-40°”。调整后的效果如图 6-12 所示。至此，“销售管理中心驾驶舱”仪表板已经制作完成。

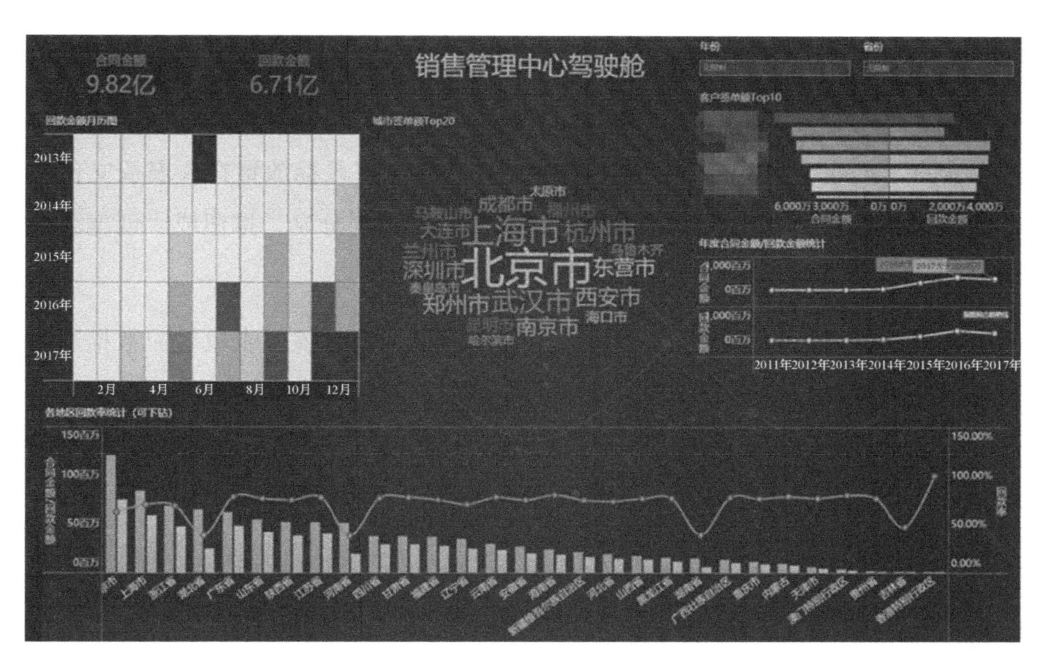

图 6-12 “销售管理中心驾驶舱”仪表板最终效果

6.5 预览、导出、分享仪表板

仪表板制作完成后，用户可以预览仪表板效果，也可以将仪表板导出或分享给其他用户。

在实际编辑仪表板的过程中，为了给用户更好的操作流畅性体验，FineBI 对取数做了 5000 条数据的限制。如果想查看全部的数据计算结果和效果，用户可以在仪表板工作区上方的菜单栏中单击“预览”按钮进入预览页面。

用户可以将做好的数据分析仪表板全部导出到 Excel 或 PDF 中，用于一些其他处理或报告。在仪表板工作区，单击上方菜单栏的“导出”按钮，可以看到“导出 Excel”和“导出 PDF”选项。选择导出 Excel 后，会生成 Excel 文件，其支持将整个数据分析模板的 dashboard 界面都导出到 Excel 中，在 Excel 文件中可以看到整体模板的分析效果及各组件的明细数据结果。选择导出 PDF 后，导出的 PDF 只会展示整体 dashboard 界面的效果。该界面上各组件的位置会完全按照 PC 端的布局展示，同时对应组件的过滤条件也会导出，即导出的效果就是用户在 PC 端看到的数据和图表对应的效果。

分享仪表板则需要回到 FineBI 的主界面，单击左侧“仪表板”菜单，进入仪表板文件管理界面。每个独立的仪表板文件均支持相应的操作，包括申请挂出、分享、创建公共链接、预览、重命名、删除。将鼠标放置在仪表板文件上，中间区域会显示相应的操作，如图 6-13 所示。单击“分享”按钮或“创建公共链接按钮”就可分享仪表板。

通过“分享”方式分享的仪表板，如果对应用户有该仪表板对应数据表的权限，那么就可以看到该仪表板及对应数据的可视化效果；如果该用户没有对应数据表的权限，那么打开仪表板之后则会提示没有数据权限。通过“创建公共链接”方式分享的仪表板，任何人都可以访问，不需要登录，也不需要有任何权限，所有点开链接的用户都能看到分享者对应数据权限下的仪表板。

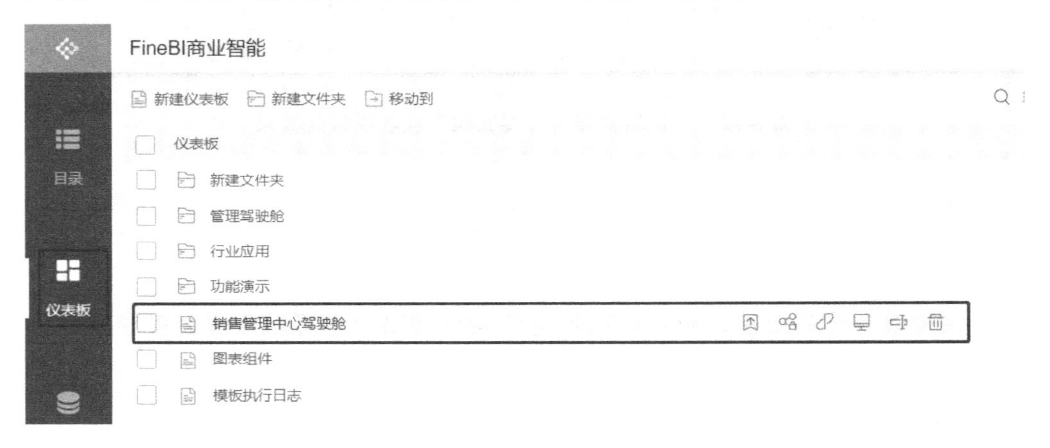

图 6-13　仪表板文件操作

思考与实践

1. 理论知识

（1）文本过滤组件如何设置为单选？

（2）树过滤组件适用于什么场景，有哪几种类型？

（3）查询按钮和重置按钮有什么作用？

（4）仪表板有什么作用？

（5）组件复制和组件复用有什么区别？

（6）在做仪表板的全局样式设置时，发现对某个组件不生效，可能是什么原因？

2. 操作实践（Sqlite 数据库：Exercises.db）

（1）各年份月度销售额同比分析。

使用 Exercises.db 数据库中的合同表（Contract），实现如图 6-14 所示的仪表板效果，并且分别满足“合同类型（一次性付款）”“签约时间（2017 年）”“合同金额大小区间（小于 1000 万）”相关控件筛选条件，对每个月的合同金额、同期销售额、同比数据进行可视化分析。

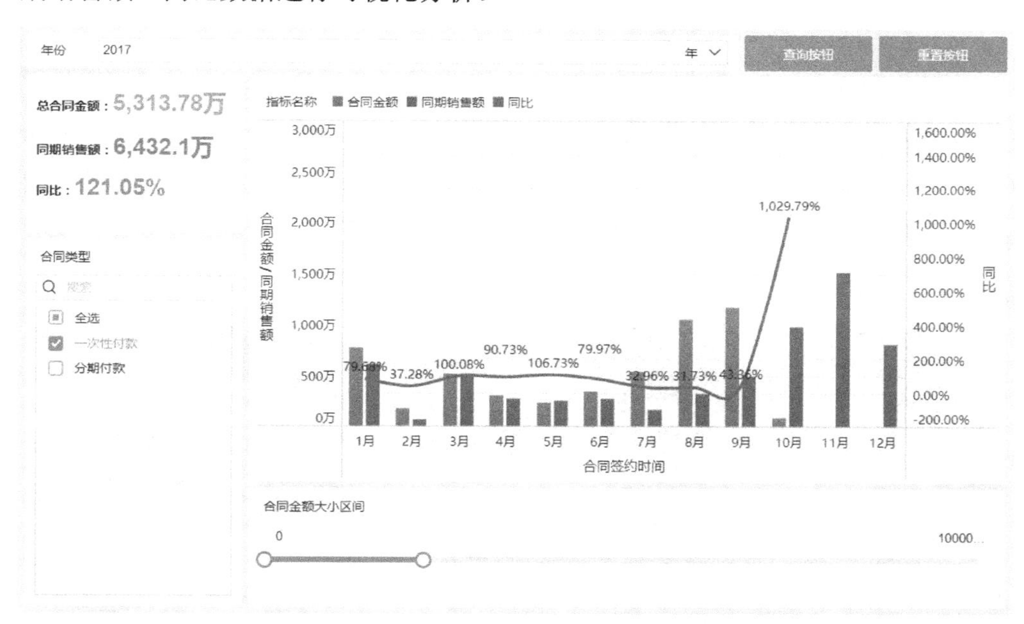

图 6-14　各年份月度销售额同比分析效果模板

（2）销售额滚动同比计算。

使用 Exercises.db 数据库中的合同表（Contract），实现以下效果：在年月控件选择年月以后，图表中签单时间显示所选年月后 12 个月的合同金额、同期销售额、同比数据，如果年月控件选择了 2016 年 9 月，则显示 2016 年 9 月到 2017 年 8 月的各月的合同金额、同期销售额、同比数据，如图 6-15 所示。

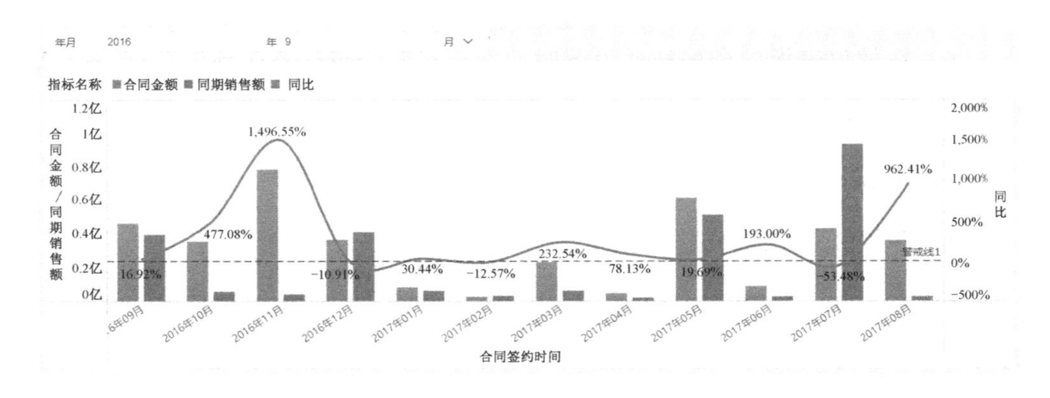

图 6-15 销售额滚动同比计算效果模板

（3）零售门店管理驾驶舱设计。

使用 Exercises.db 数据库中的销售明细表（SalesDetails）、品牌维度表（BrandDimension）、品类维度表（CategoryDimension）、门店维度表（StoreDimension），建立正确的关联关系，完成如图 6-16 所示的零售门店管理驾驶舱的设计，要求细节样式和效果图保持一致，并且将该仪表板挂载到管理驾驶舱的目录下。

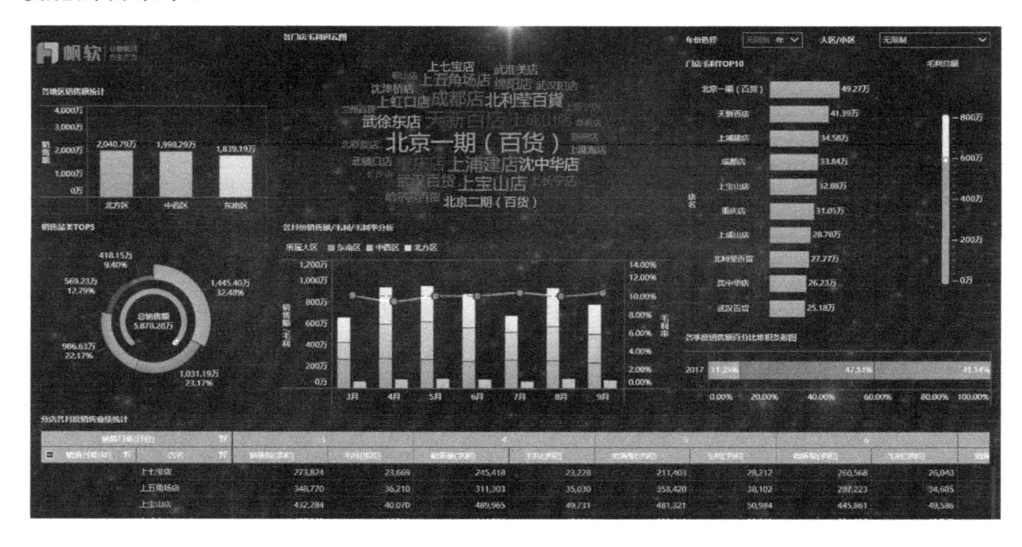

图 6-16 零售门店管理驾驶舱效果模板

第三部分

可视化进阶

前面的章节对FineBI工具应用与可视化实现的基础内容进行了详细的介绍，相信读者已经掌握了使用FineBI进行可视化分析的方法和步骤。本部分将围绕思维、布局配色、故事演讲及企业应用进阶四个方面，介绍数据可视化的进阶技巧，让读者的可视化分析能力更上一层楼。

第 7 章　可视化中的数据分析思维

数据可视化用图表将数据展示出来，其背后需要数据分析的支撑。本章将介绍数据分析的相关知识，从而为数据可视化注入灵活的分析思维。

本章主要内容：

- 数据分析的概念和价值
- 数据分析的战略思维
- 数据分析的基本工作流程
- 经典数据分析方法

7.1　数据分析的概念和价值

数据分析指用适当的统计、分析方法对收集来的大量数据进行分析，将它们加以汇总和理解并消化，以求最大化地开发数据的功能，发挥数据的作用。数据分析是为了提取有用信息和形成结论而对数据加以详细研究和概括总结的过程[1]。

下面通过一则“伯乐”相马的故事来感受一下数据分析的力量。

故事中的伯乐是来自哈佛大学的一个相马专家 Jeff Seder。传统的相马方式认为遗传是最重要的因素，不过真实的赛马获奖数据却并不支持这一观点。数据显示，所有获得年度最高赛马奖项的赛马的后代，有 3/4 没有赢得任何主要的赛事。当然，传统的相马方式也会参考其他的信息，如赛马奔跑的姿态，但其没有产生任何经得起比赛考验及大众公认有效的标准。又因为市场上存在大量

---

1 顾君忠，杨静．英汉多媒体技术辞典[M]. 上海：上海交通大学出版社，2016：154.

的买主，最后的结果就是好马的成功选购概率非常低。十多年前，一匹有史以来最好的赛马的后代，卖出的价格高达 1600 万美元，然而其最终只赢下了 3 场比赛，总共才得到 1 万美元的奖金。

与传统的相马方式不同，Jeff Seder 更关心赛马的各种生理数据。他开始尝试对赛马进行各种测量，包括鼻孔的大小、心率、肌肉，甚至粪便的重量，但都没有得到实质性的结果。直到 12 年前，他取得了突破。在测量赛马的内脏大小后，Jeff Seder 发现赛马的左心室大小和它的赛场表现非常相关；他对赛马奔跑的姿势进行了数字化处理，发现了一些和成功相关的姿态；他还发现跑一会儿就发出哮声的赛马也有不错的赛场表现。

通常在 1000 匹赛马中，只有 10 匹符合 Jeff Seder 的数据标准。Jeff Seder 根据一匹赛马的左心室大小和其他的数据，预测它是一匹十万里挑一甚至百万里挑一的赛马。果不其然，18 个月之后，在纽约郊区一个周六的夜晚，这匹赛马成了 30 年来第一匹得到三连冠的赛马。

从这则故事可以看出，数据分析具有非常大的价值。具体来说，数据分析能够将隐藏在大量杂乱无章的数据中的信息集中和提炼出来，从而找出所研究对象的内在规律。在实际应用中，数据分析可帮助人们做出判断，从而使其采取适当行动。在进行数据可视化时，数据分析能够帮助人们明确需要展示的内容和思路，从而得出更准确的数据见解。

7.2　数据分析的战略思维

提到数据分析，我们脑海中浮现的可能是一些复杂的报表，或者是华丽的数据大屏，抑或高级的建模手法。其实我们每个人都具备分析的能力，如根据股票的走势决定是继续购买还是抛出，根据同一商品不同门店的价格和评价做出最终的购买选择。这些基于数据的小型决策，主要是我们根据日常积累的数据经验来做出的判断，属于简单的分析过程。对于数据分析师或业务决策者来说，则需要系统地掌握一套科学的、符合商业规律的数据分析方法。

7.2.1　数据分析的目的

对于企业而言，数据分析可以帮助企业优化流程，提高营业额，降低成本，我们往往把这类数据分析定义为商业数据分析。商业数据分析的目标是利用大数据为所有业务决策者做出迅捷、高质、高效的决策，提供可规模化的解决方案。商业数据分析的本质在于能够创造商业价值，驱动企业业务增长。

7.2.2　数据分析的驱动力

企业在运营的过程中，产生的交互、交易行为都可以作为数据采集下来。企业通过分析这些数据，不断优化业务的各环节，创造更多符合需求的增值产品和服务，然后重新投入用户的使用过程，从而形成从产生数据到业务变现再到用户使用的完整业务闭环，如图 7-1 所示。这样的完整业务逻辑，可以实现真正意义上的数据分析驱动业务增长。

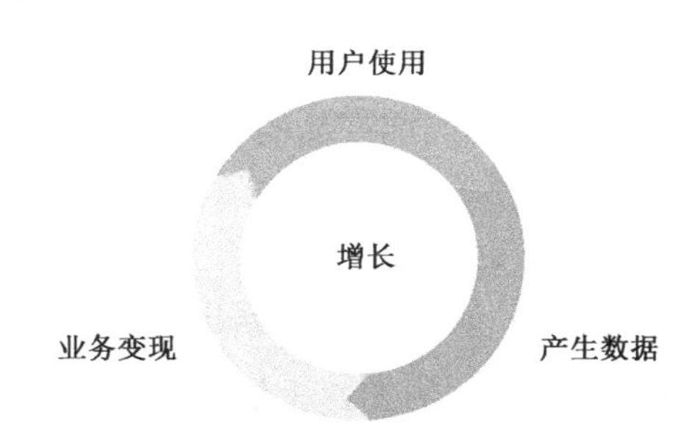

图 7-1　数据分析的驱动力

7.2.3　数据分析的进化论

以商业数据分析为例，我们通常会以商业回报比来定位数据分析的不同阶段。如图 7-2 所示，商业数据分析可以被划分为四个阶段，分别是观察当前数据发生了什么、理解为什么会发生、预测未来会发生什么、怎样更好地进行商业决策。

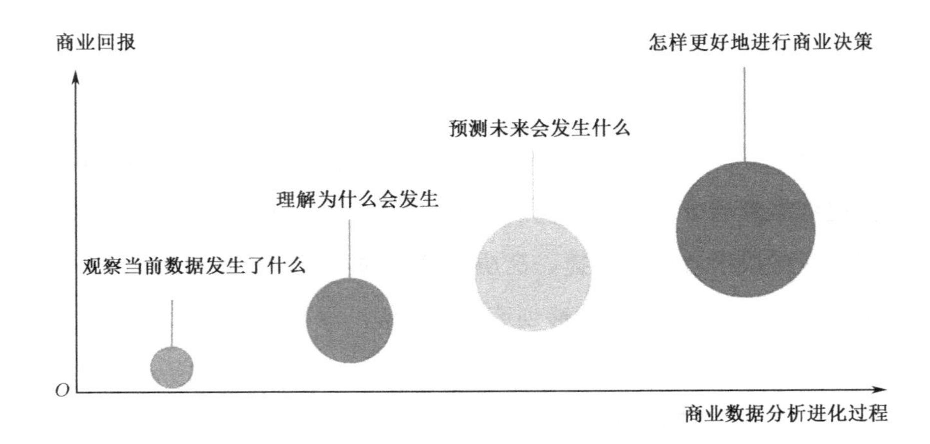

图 7-2 商业数据分析进化四阶段

1. 观察当前数据发生了什么

首先，我们需要观察当前数据发生了什么。在企业中，业务人员通常会使用一些固定报表来实现日常的数据监控。例如，某一制造企业投入一台新设备，那么就可以通过观察诸如良品率等一系列的设备运行数据来监测其运行状态；再如，互联网企业上线了一种新产品，观察该产品在投入前期的注册人数、热度等一系列数据可以帮助企业了解当前产品的状态。

2. 理解为什么会发生

在观察当前数据状态之后，如果发现数据出现了异常情况，就需要对背后的原因进行深层次的挖掘与诊断。例如，上述的制造企业在投入新设备之后，如果发现设备产出的良品率较低，那么就需要进一步分析背后的原因，是员工对设备操作不当，还是设备存在超负荷运转的情况，抑或是新设备本身在设计时存在固有缺陷等。

3. 预测未来会发生什么

例如，对数据进行了一系列深层分析之后，上述制造企业发现设备良品率较低的真实原因是设备本身在设计时存在固有缺陷，如果此时企业仍然让该设备继续生产，那么未来的良品率自然会长期得不到保障（也可以通过数据拟合及数据挖掘的手段预测未来的数据）。

4. 怎样更好地进行商业决策

最后，也是所有商业数据分析工作中最有意义的一步，是需要去思考未来应该如何进行业务决策，从而实现用商业数据分析的结果指导业务决策，进行精细化运营，发挥数据分析的商业价值。

7.3　数据分析的基本工作流程

前面提到商业数据分析的本质在于创造商业价值，驱动企业业务增长。这就意味着商业数据分析工作需要和最终的业务价值驱动形成闭环。一般来说，可以将数据分析的基本工作流程分为洞悉业务背景、制订分析计划、数据拆分建模、执行分析计划、提炼业务洞察、产出商业决策、验证决策效果七个步骤，从而形成从数据分析到业务驱动的决策闭环，如图 7-3 所示。

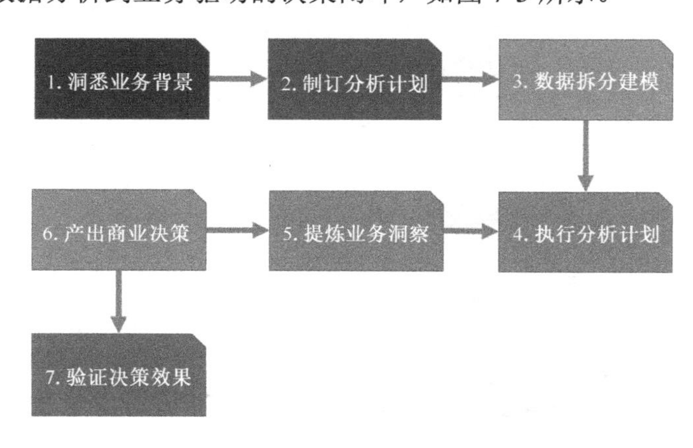

图 7-3　数据分析流程

1. 洞悉业务背景

所有商业数据分析都应该以业务场景为起始思考点，脱离实际业务的数据分析是没有任何商业价值的，它得到的只是一些孤立的数字。在进行数据分析时，第一步，要熟悉业务含义，理解数据分析的背景、前提，以及想要关联的业务结果。

2. 制订分析计划

第二步，需要思考分析思路，并且制订尽可能全面和完善的分析计划，如需要哪些数据表，需要分析哪些维度和指标，对业务场景如何拆分，如何进行数据和业务之间的关联推断等。用到的方法主要是分析法和综合法。分析法是从最终的指标（结论）出发，拆解指标进行分析；综合法则是从各部分的原因出发，推断结论。大部分时候我们需要对已经出现的结果进行分析，因此，这里推荐使用更符合应用场景的分析法。在围绕分析法拆解最终指标时，可以参考以下两个原则。

（1）MECE 原则。

一般来说，每个问题都有一个需要分析的核心目标，建议按照 MECE 原则（相互独立，完全穷尽）对核心指标进行逐步拆解。如图 7-4 所示的人类群体划分的例子，就说明了 MECE 原则所强调的相互独立和完全穷尽，最终分类结果应无重复、无遗漏。

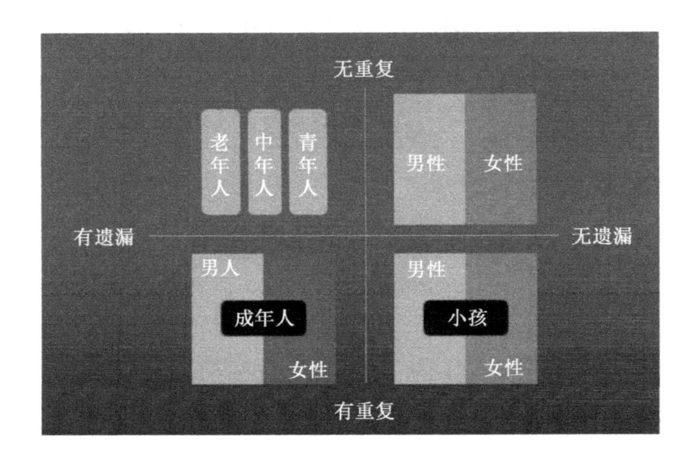

图 7-4　用 MECE 原则划分人类群体

（2）内外因素分解法。

在按照 MECE 原则进行核心指标拆解时，很多因素都可能会影响核心指标，要做到相互独立和完全穷尽并不容易。此时可以参考内外因素分解法，把影响因素拆成内部因素和外部因素、可控和不可控两个维度，在分成四个类别后再按照方法一步步解决，如图 7-5 所示。

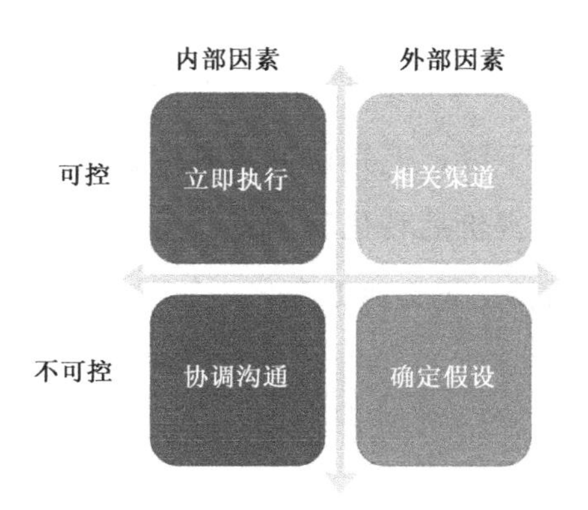

图 7-5　内外因素分解法

下面通过两个具体的例子来理解指标拆解的两个原则。

例 1　对某线下销售的产品，我们发现其 8 月的销售额同比下降了 20%，现在想了解销售额下降的原因。

如图 7-6 所示，我们按照 MECE 原则和内外因素分解法进行维度和指标的拆解。对于内部因素，我们可以先观察时间趋势下的波动，了解销售额是突然暴跌还是逐渐下降；再对比不同地区的数据差异，明晰地区因素的影响；还可以从消费者的角度出发，了解是不是消费者的喜好发生了改变，或者是不是消费者对服务不够满意等。对于外部因素，可以询问销售员，了解现在的市场环境，了解其他竞争对手的销售额是否也出现了下降，以便判断是不是市场的原因。

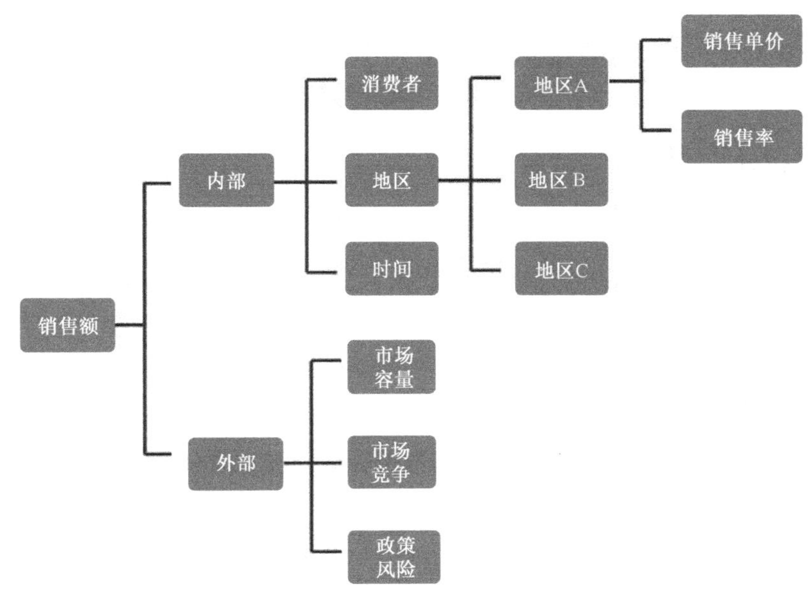

图 7-6　销售额下降指标拆解

例 2 某自营电商网站现在想将商品提价，分析其销售额将会怎样变化。

首先可以确定销量会下降，但具体下降多少就无法预测了。这就需要首先假设商品流量情况，分析提价后转化率的变化情况，然后根据历史数据汇总得出销量下降的情况，最后得出销售额的变化，如图 7-7 所示。

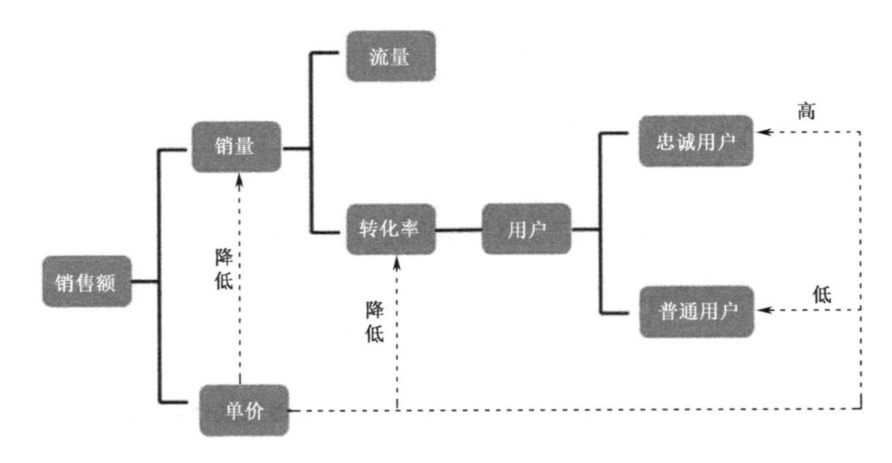

图 7-7 销售额变动指标拆解

通过采用 MECE 原则进行核心指标拆解的长期训练，我们能够形成严谨的结构化思维逻辑体系。

3. 数据拆分建模

第三步，根据制订好的分析计划，准备并拆分真正需要的数据表，并进行初步数据加工和建模，为后续执行分析计划做好准备。

4. 执行分析计划

第四步，进行数据分析和可视化分析，按照事先制订的分析计划，从不同的分析角度对数据进行多维分析，对数据背后的业务价值不断进行精细化的洞察和探索。

5. 提炼业务洞察

第五步，根据分析过程中的猜想和数据验证，得出提炼之后的业务洞察。

6. 产出商业决策

第六步，根据提炼出的业务洞察进行最终的业务决策。

7. 验证决策效果

第七步，产出商业决策并不意味着数据分析工作就已经结束了，未来还需要在一段时间内对数据进行观察和判断，判断之前基于数据分析结论做出的业务决策是否真正驱动业务产生了价值。

如果做出相关业务决策之后，业务数据的确发生了改观，那么说明之前的数据分析工作确实找到了业务的实际问题所在；否则，就需要返回第一步继续进行思考，分析之前是否考虑不周或存在偏差。

7.4 经典数据分析方法

在进行数据分析时，数据分析的七个基本步骤能够帮助我们快速搭建一个清晰的数据分析思路框架。对其辅以常用的经典数据分析方法，我们就可以更加灵活地应对不同业务场景下的数据分析问题。

7.4.1 趋势分析：银行用信率趋势分析

趋势分析是日常数据工作中最常用的方法，它能够帮助我们快速地了解数据的变化趋势。

以某银行 3 月份的用信率分析为例，图 7-8～图 7-10 分别使用了表格、折线图、折线图+趋势线拟合的方式进行数据呈现。对比之下，在图 7-10 中，我们可以更快地发现 3 月 13 日该银行的用信率相较于平时发生了突增。这便是趋势分析最大的优势。

为了更加精准地进行数据趋势的对比分析，还可以引入诸如同比、环比等时间粒度计算方法来更加精准地把控数据的变化趋势。

日期	用信率
2017-03-01	0.33
2017-03-02	0.39
2017-03-03	0.42
2017-03-04	0.36
2017-03-05	0.38
2017-03-06	0.32
2017-03-07	0.51
2017-03-08	0.43
2017-03-09	0.59
2017-03-10	0.39

日期	用信率
2017-03-11	0.5
2017-03-12	0.2
2017-03-13	0.8
2017-03-14	0.62
2017-03-15	0.5
2017-03-16	0.43
2017-03-17	0.53
2017-03-18	0.58
2017-03-19	0.46
2017-03-20	0.39

日期	用信率
2017-03-21	0.58
2017-03-22	0.42
2017-03-23	0.39
2017-03-24	0.49
2017-03-25	0.46
2017-03-26	0.52
2017-03-27	0.55
2017-03-28	0.42
2017-03-29	0.48
2017-03-30	0.37

图 7-8　用信率明细表

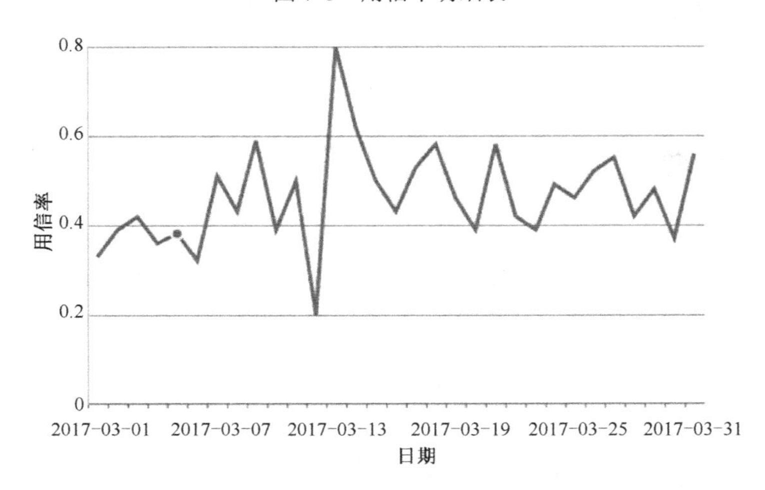

图 7-9　用信率折线图

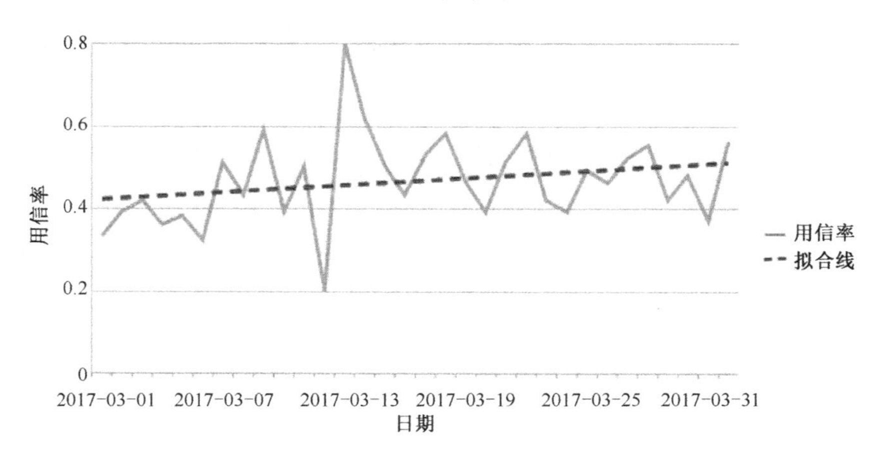

图 7-10　用信率趋势拟合分析图

7.4.2　多维分析：牛奶销售分析

当观察到的某个数字或趋势是比较宏观的数据时，就需要对数据进行不同维度的分解，以便进一步获取对数据的精细化洞察。

下面以某牛奶生产企业的某个固定销售报表看板为例进行销售情况的分析。

首先，销售报表看板如图 7-11 所示，从这样的固定维度报表中只能够得出以下两个结论。

（1）与 2015 年相比，2016 年企业牛奶销售额有所增长，环比增长率为 122.82%。

（2）每年各月的销售额相差不大，唯一有较大区别的是 2 月，可能是由于春节拉动了大众的集中消费，所以在每年 2 月牛奶的销售额会迎来一个小高峰。

如果是传统的固定报表看板，那么数据分析能给用户传递的信息可能就到此为止了。但是真的仅仅如此吗？使用 FineBI，如图 7-12 所示，我们还可引入产品维度进行分析。

仔细观察图 7-12 中的数据分析结果发现，无论是 2015 年还是 2016 年，每年第一季度和第四季度鲜奶销售额比较高，酸奶的销售额比较低；而第二季度和第三季度酸奶销售额比较高，鲜奶销售额比较低。如果按固定报表看板中的单一维度直接汇总，往往这样真正有业务价值的数据结果就被掩盖掉了。

接下来，如图 7-13 所示，我们继续用雷达图对每个季度不同产品类别的牛奶销售额进行统计，观察每年每个季度的销售额数据统计情况，可以轻松验证之前的数据观察结果。

最后，我们从业务的角度进一步思考产生目前数据结果的原因。第一季度和第四季度主要为春、冬季节，天气比较寒冷，鲜奶自然比酸奶更受欢迎。第二季度和第三季度主要为夏、秋季节，天气比较炎热，酸奶就成了大众的主要选择。如此一来，企业的战略决策者在制订各季度酸奶和鲜奶的生产计划时就有了明确的参考。

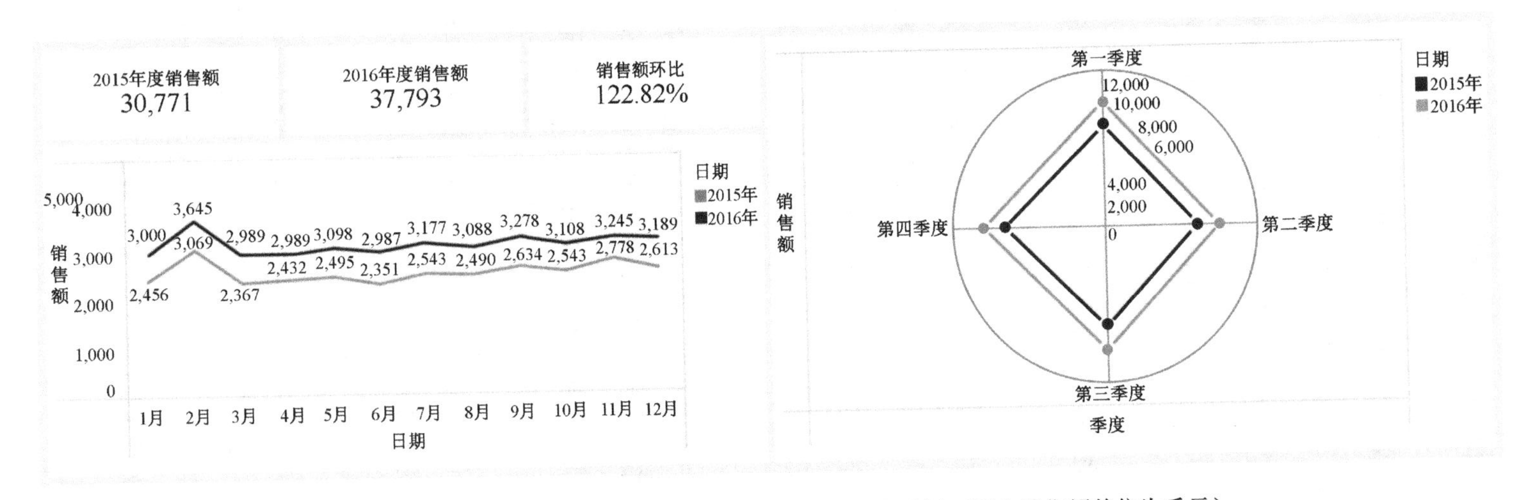

图 7-11　某牛奶生产企业固定销售报表看板（图中销售额单位为千元）

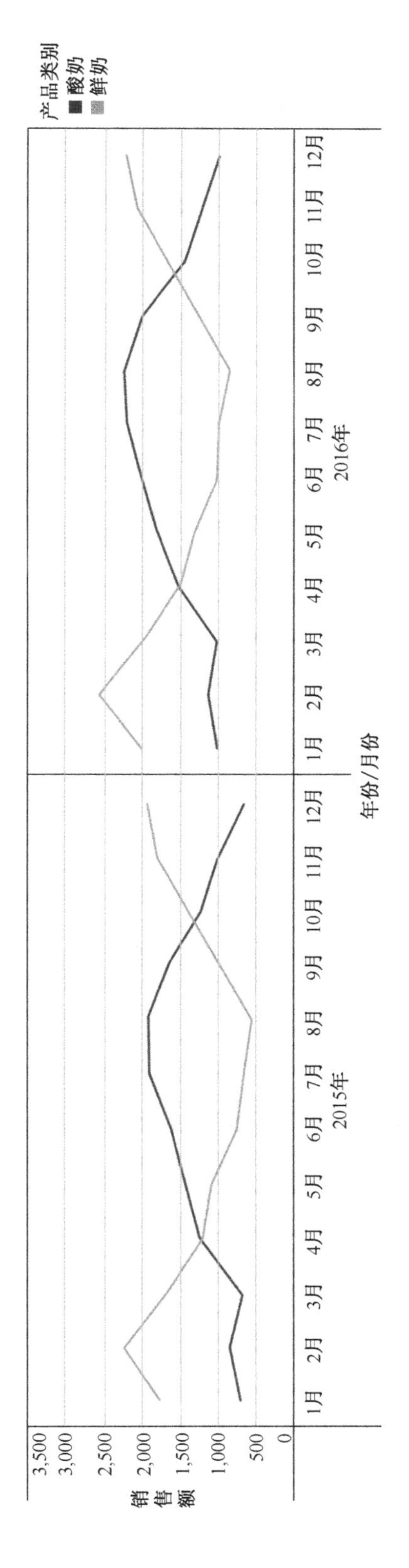

图 7-12　不同类别的产品销售额对比分析折线图（图中销售额单位为千元）

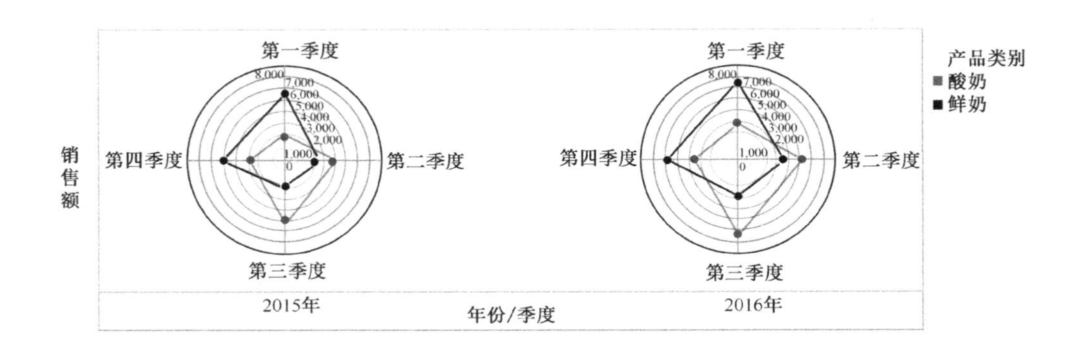

图 7-13　不同类别的产品销售额对比分析雷达图（图中销售额单位为千元）

在这个案例中，我们通过逐步的探索分析将数据和业务联合起来，最后得出的结论既能提高企业的产品销售额，又能降低每个季度企业的库存压力。多维分析就是鼓励我们要勇于改变现状，多尝试从看表格数字思考转换到看图形感知分析，在对数据进行探索分析思考时，要善于从不同角度进行可视化分析，完善数据全貌，这样才能发掘数据背后的巨大价值。除此之外，我们还可以借助 FineBI 的联动和钻取功能，抽丝剥茧，层层深入，直到发现隐藏在数据中的最根本的原因。

7.4.3　四象限图分析：商品销售异常分析

四象限图是对数据进行分类分析的常见方法，其一般利用水平和垂直分割线将图表区域分为四个象限，将每个象限的数据表现作为一个类别，图形形状主要以点图呈现。四象限图可以帮助我们快速地将多个分类下的数据按照不同指标进行归类划分，然后针对不同类别的数据制定最佳策略。

如图 7-14 所示，我们使用四象限图按照销量和毛利率对不同商品进行分类分析后，可以快速发现处于第二象限的德芙巧克力存在高销量低毛利这一异常情况。

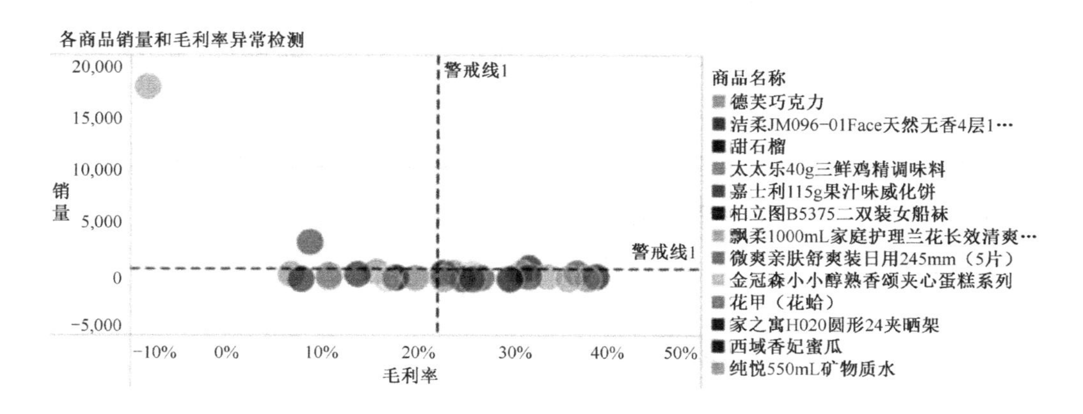

图 7-14　商品销量与毛利率四象限图截图

7.4.4　漏斗转化分析：平台用户访问阶段转化率分析

漏斗图适用于具有明确流程节点转化率的数据分析场景，如互联网企业常用的平台用户访问阶段漏斗转化分析、用户生命周期漏斗转化分析等。

如图 7-15 所示，我们通过 FineBI 对某个平台的用户访问阶段转化率数据进行分析，重点关注各节点的转化情况。首先，对于用户从浏览商品行为到添加购物车行为这一流程的转化情况，漏斗图显示其转化率为 50.77%，反映了该平台的商品介绍、图片描述等对用户有较强的吸引力。接下来，继续分析从添加

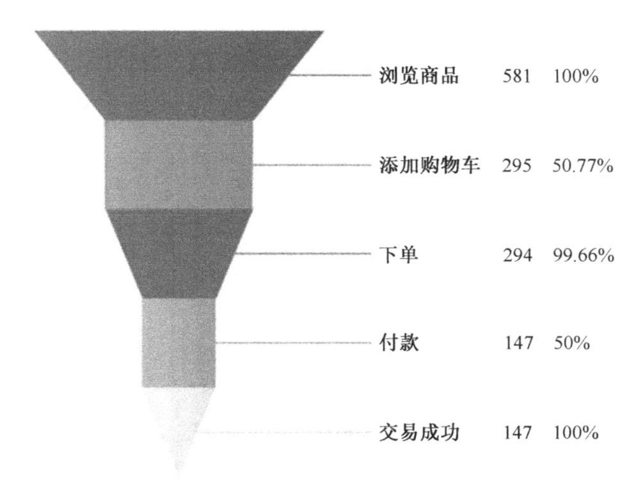

图 7-15　平台用户访问阶段转化率漏斗图

购物车行为到下单行为的转化率，可以看到其转化率高达 99.66%，转化效果非常好。但是随后下单行为至付款行为的转化率却只有50%，那么这就是一个值得关注的转化节点。分析后，我们猜测可能该平台商铺的支付渠道不够完善，需要增加如支付宝、微信等快捷支付渠道，从而降低用户因支付渠道不全而放弃购买的概率。

7.4.5 留存分析：平台用户月度留存分析

在平台人口流量红利逐渐消退的时代，留住一个老用户的成本要远远低于获取一个新用户的成本。每款产品、每项服务，都应该重点关注用户的留存，确保做实每个客户。留存分析的目的在于通过分析用户行为或行为组与回访之间的关联，找到提升留存的方法。

下面以图 7-16 所示的一组平台用户总量走势数据统计情况为例来进行分析。从 2017 年 1 月开始，平台的 iOS 用户数量增长较快，到 2017 年 8 月，iOS 总用户数量达到了近 4500 人。表面看起来平台的 iOS 用户数量增长大于安卓用户数量增长，到 2017 年 8 月时其总用户数量也大于安卓用户数量。仔细观察这两组数据的增长情况会发现，iOS 用户虽然总量多，但在 2017 年 5 月之后总用户数量趋于平缓，而安卓用户虽然总量少，但一直保持着稳健增长的趋势。

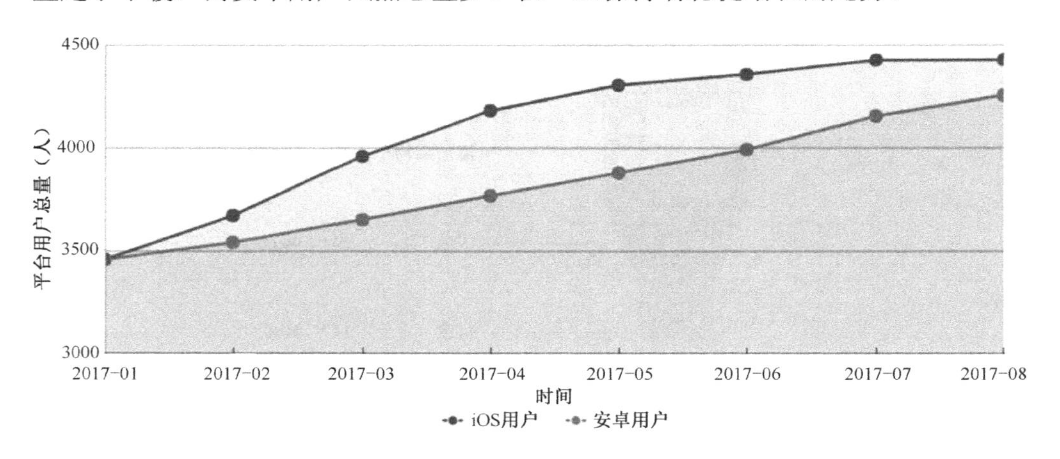

图 7-16 平台用户总量走势折线图

如果你能发现这个问题，那么恭喜你，你已经初步具备了数据分析师的洞察力。接下来需要关注除用户增长之外的平台用户留存率指标。从图 7-17 所示的平台用户月留存率数据统计情况可以看到，最开始 iOS 用户和安卓用户留存率都是 100%，到了第 7 日，iOS 用户留存率下降至 44%，安卓用户留存率下降至 58%，最后在第 30 日，iOS 用户留存率仅为 15%，而安卓用户留存率仍为 35%。平台严重的 iOS 用户流失率是一个不容忽视的问题。

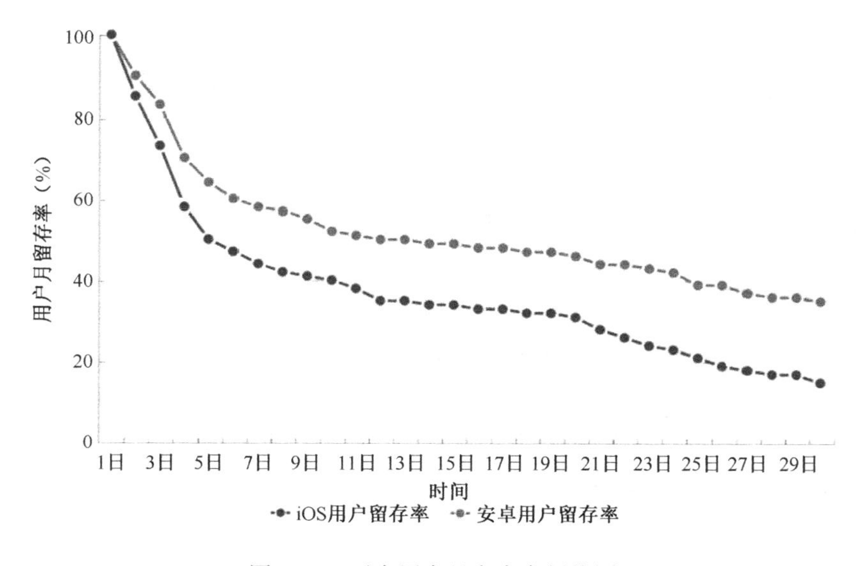

图 7-17　平台用户月留存率折线图

7.4.6　A/B 测试

A/B 测试是一个经典的数据分析方法。在产品上线过程中，经常会使用 A/B 测试来测试不同产品或功能设计的效果，市场人员和运营人员可以通过 A/B 测试来完成不同渠道、内容、广告创意的效果评估，以便选择最佳的转化方案。

需要注意的是，要进行 A/B 测试必须具备两个因素：第一，有足够的时间进行测试；第二，数据量和数据密度较高。因为当产品流量不够大时，进行 A/B 测试并得到统计结果是比较困难的，同时结论的准确性也会受影响。

7.4.7　经典模型

除了以上介绍的数据分析方法，在数据分析工作中也会经常用到一些经典的商业分析模型，如二八分析模型、ABC 分析模型、RFM 模型、购物篮模型等。

这些模型在前面的章节示例和习题中已经有所涉及，通过前面的学习，相信读者已经能够掌握并熟练使用这些模型。

思考与实践

1. 理论知识

（1）商业数据分析的目的和本质分别是什么？

（2）一般来说，数据分析分为哪几个阶段？

（3）数据分析工作的基本流程有哪些？

（4）分析法和综合法的区别是什么？

（5）MECE 原则和内外因素分解法各是什么？

2. 操作实践（Sqlite 数据库：Exercises.db）

（1）毛利率下滑异常原因分析。

使用数据库 Exercises.db 中的商品销售明细表、门店信息维度表、商品信息维度表，按照数据分析工作的七步基本流程，采用常用的数据可视化分析方法，通过 FineBI 逐步找出 8 月企业总毛利率（总毛利率=总毛利额/总销售额）下滑的原因。

第 8 章 高阶布局与配色技巧

我们之所以使用图表来展示数据和信息，是因为人脑对数字和图像信息的处理速度不同。一些复杂的报表和表格虽然包含的信息很全，但人类大脑对数字本身并不敏感，看到数字之后需要在左脑进行进一步的思考才能将其转化为最终获取的信息。但是，人的右脑对图像信息的处理速度非常快，能达到相同场景下处理数字速度的 100 倍以上。基于左、右脑的这一区别，我们更倾向于使用图表的方式来更好地传达信息。

尽管如此，读者经常发现自己虽然有数据，却不知道用何种图表来进行最佳形式的数据价值表达，只会使用简单的柱形图、折线图、饼图；在颜色和字体等细节样式方面，不知道如何进行更加美观的调配，做出来的图表很不美观；做好的报告不知道如何进行组合呈现与合理的布局，最终做出来的报告自己都无法接受。

要构建一个优秀的仪表板（真正信息丰富、可以指导行动的仪表板），仅将所有“顿悟”放到画布上是不够的。要让仪表板向用户传达信息的效果最佳，我们必须认真考虑各种规划和设计各种元素。那么，怎样才能在仪表板上向用户更好地展示想呈现的内容呢。本章将给出答案。

本章主要内容：

- 学会使用最佳的图表类型
- 颜色搭配一致性原则
- 仪表板布局设计原则
- 不断完善你的作品

8.1 学会使用最佳的图表类型

不同的图表适用场景也不同，因此在使用图表之前，首先需要思考展示的目标，即想要在图形中展示什么；然后再根据目标，选择最佳的图表类型来进行展示。下面将详细介绍不同的应用场景所适合的图表类型。

1. 时间趋势分析

时间趋势分析是我们在日常工作中应用最为广泛的场景之一。对于这类场景，通常可以选择折线图、柱形图来进行分析。如图 8-1 所示，我们用折线图来分析每个地区的年度合同金额走势。

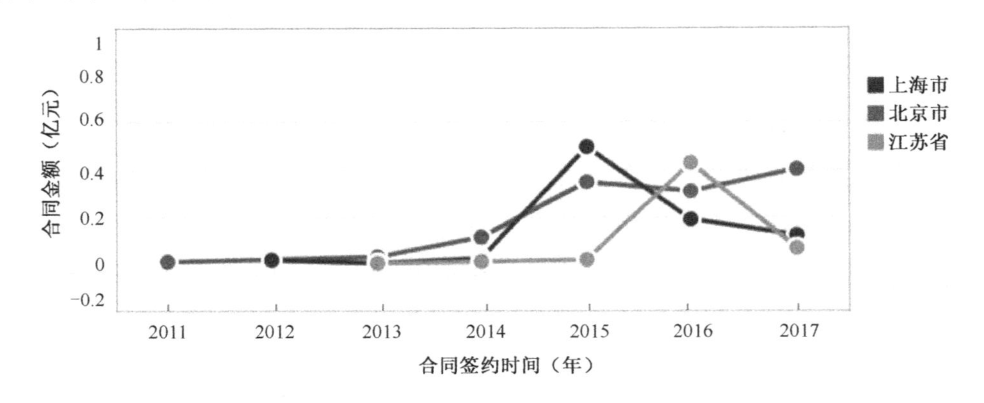

图 8-1　地区年度合同金额走势折线图

如果我们还想了解每年的销售总额走势，仅仅通过折线图或柱形图是无法实现的，这时可以选择范围面积图、堆积折线图或堆积柱形图。但是这三者存在一定的区别，需要按需选用。范围面积图和堆积折线图以每个地区作为一个模式（单独观察每个地区的合同金额走势也同样方便），堆积柱形图则将每个年份作为一个模式，如图 8-2 所示。

2. 比较和排序分析

第二个常用的场景是比较和排序分析，对于这类场景，条形图或柱形图是不错的选择，因为它们都按照相同的基线，将数值显示为长度或高度，使值与值之间的对比分析变得非常直观，如图 8-3 所示。

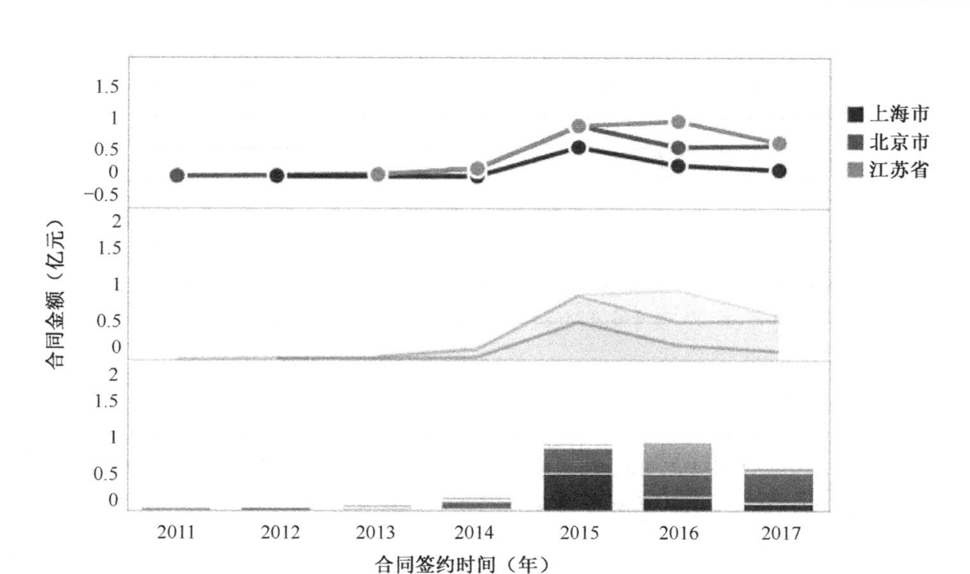

图 8-2　地区年度合同总金额分析

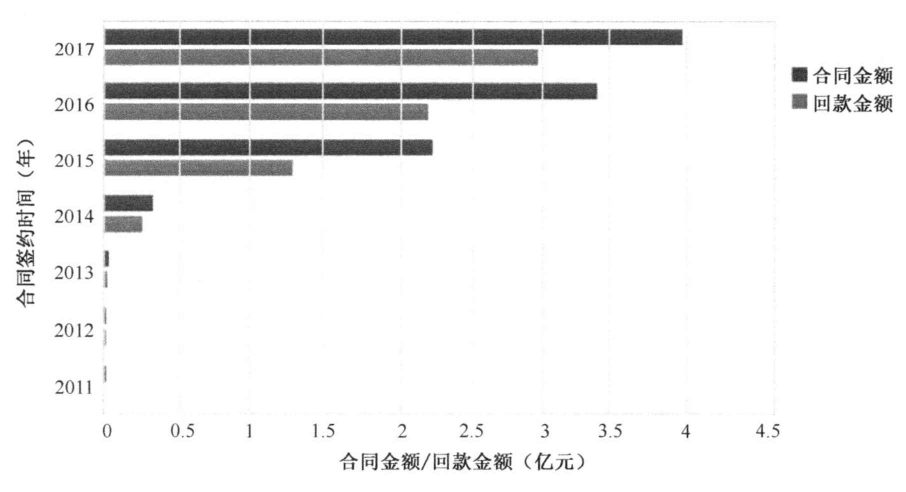

图 8-3　合同金额与回款金额对比分析条形图

3. 相关性分析

有时候某些数据场景需要我们进行相关性探索分析，如研究某一种商品的单价和销售额之间的关系、研究员工考勤时间和离职率之间的关系、研究温室温度和作物生长的关系等，此时首选是散点图。但需要注意的是，相关性分析并不能绝对地保证数据间存在关系，只是可能存在关系。在使用散点图进行数据相关性分析时，还可以引入趋势拟合线进行辅助判断，如图 8-4 所示。

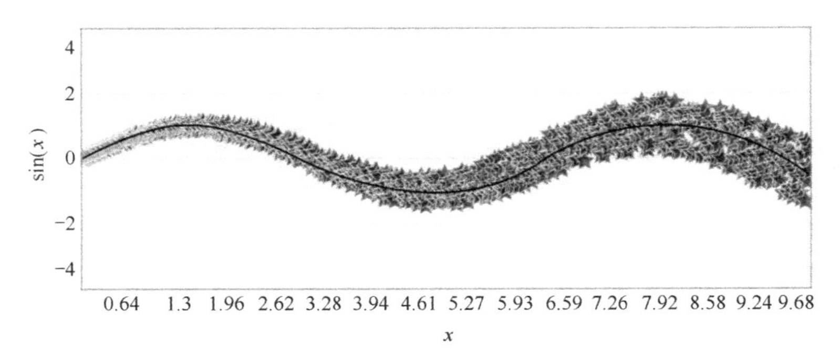

图 8-4　大数据散点图

对于不同数量单位的数据，在 FineBI 中，我们可以采用分区展示的方法。分区展示其实提供了一种将多项指标并列分析的数据观察视角，如同时观察温度和衬衫销售的数据统计趋势、同时观察合同金额和购买数量的关系，这个时候就可以使用分区展示来进行数据统计。通过分区，可以分析不同指标的相关性，从而发现数据的潜在关联。图 8-5 就采用了分区展示的方法来分析合同金额与购买数量之间的关系。

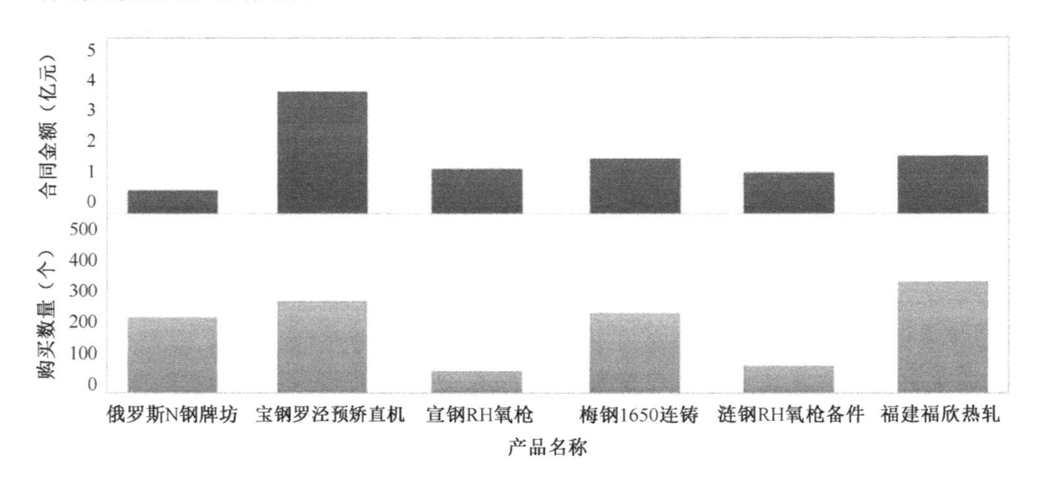

图 8-5　合同金额与购买数量分区条形图

4. 分布分析

分布分析也是数据可视化分析中使用较多的一种方法，通常用到的图形是饼图。例如，我们可以通过饼图来了解不同产品类型的销售金额分布。

需要注意的是，不要试图对不同系列的饼图进行数据分布对比分析，这不利于我们观察每部分数据的变化情况，此时对比柱状图是我们更好的选择，如

图 8-6 所示。

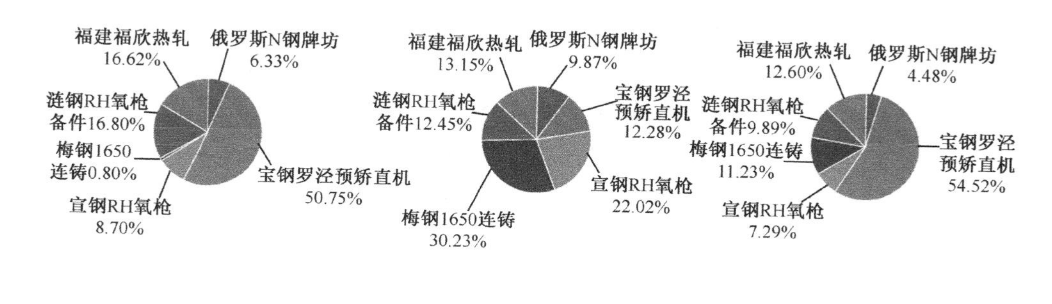

（a）饼图

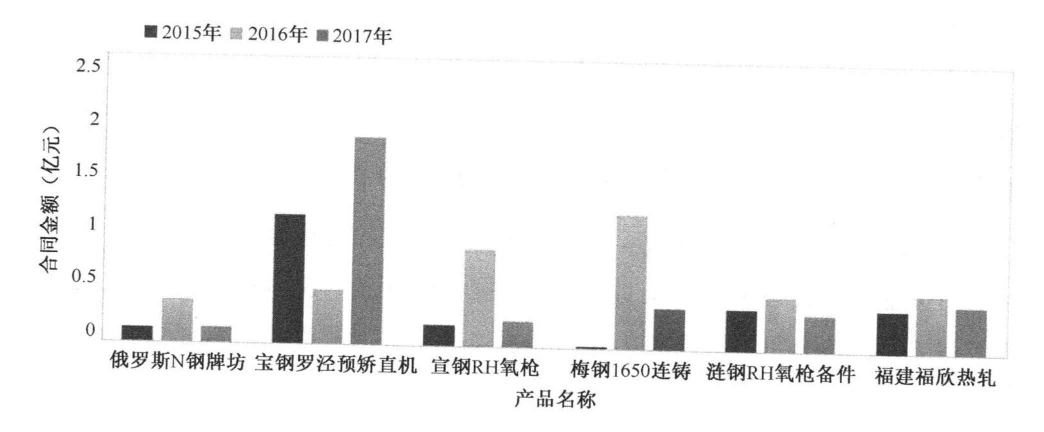

（b）对比柱形图

图 8-6　饼图与对比柱形图

5. 周期性数据分析

对周期性循环的数据特征进行分析，如对收益性、生产性、流动性、安全性和成长性等企业经营状况进行评价，就需要快速对比定位短板指标。在这种场景下，我们建议使用雷达图进行展示，如图 8-7 所示。

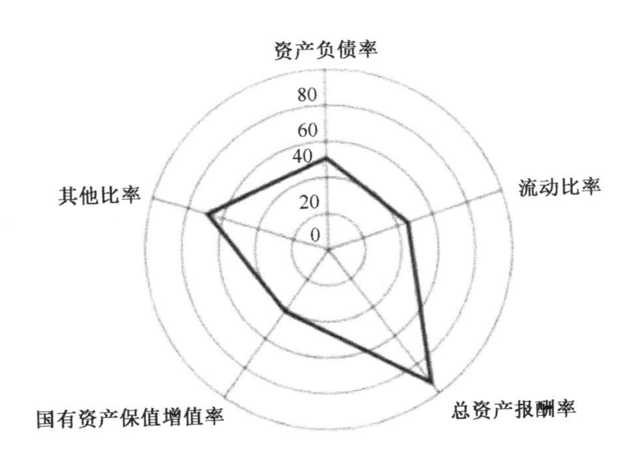

图 8-7　雷达图

6. 地理数据分析

对于那些和地理位置信息相关的数据分析，地图是我们的首选，包括点地图、区域地图、热力地图、流向地图等。地图除了用于对比分析数据本身的差异性，还可以用于发掘与地理位置信息相关的业务价值。

例如，某电商企业想要分析不同区域服装种类的销售情况，如果通过地图对地理位置信息进行相关的辅助分析，就能快速探索出服装种类和地区位置区域的相关性，如南方衬衫、西装等服装热销，北方羽绒服、羊毛衫等服装热销。

7. 漏斗转化分析

漏斗图适用于具有明确流程节点转化的数据分析场景，如互联网企业常用的平台用户访问阶段漏斗转化分析、用户生命周期漏斗转化分析等。详细可参考 7.4.4 节的内容。

8. 日历图分析

日历图常用于分析和时间规律相关的分布数据，一般来说需要使用同一生长色系或热力色进行渲染展示。

如图 8-8 所示，我们使用日历图分析某电站每个月每天的发电量数据，可以很容易地发现 8 月与 12 月的中下旬是全年的用电高峰期。

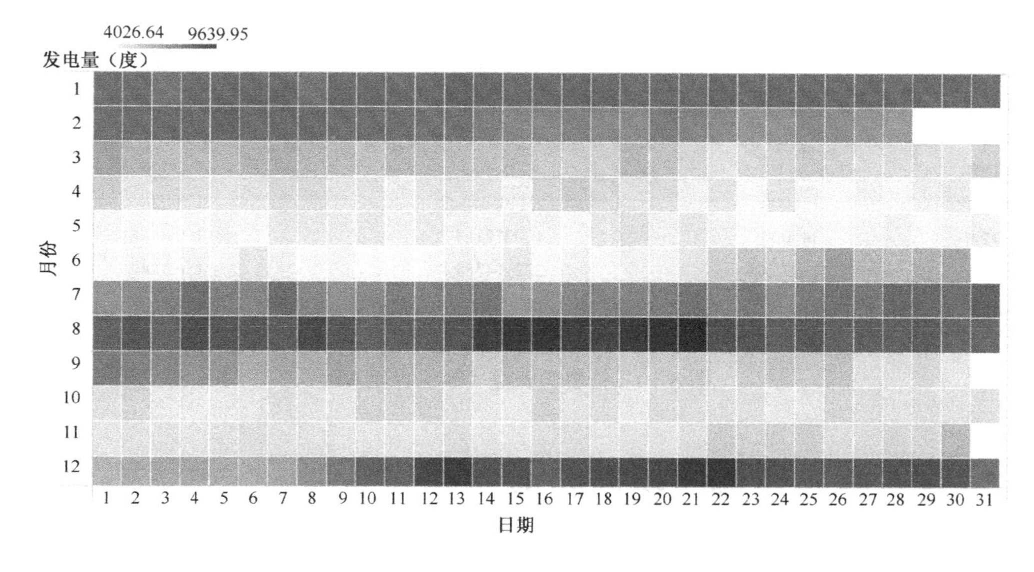

图 8-8　发电量日历图

9. 核心 KPI 指标分析

对于企业核心的 KPI 指标数据，通常可以使用 KPI 指标卡及文本组件进行直观的汇总展示。

如图 8-9 所示，硕大醒目的关键绩效指标是用户查看仪表板时的锚点，它们似乎在大声对用户说："从这里开始！"这些数字可用作对话开场白，还能为旁边的图表提供上下文信息。

图 8-9　KPI 指标卡

10. 表格展示

适合直接使用表格进行展示的数据类型，一般为需要查看精准值的数据（如需要反复查对的统计数据）及需要明细展示的数据。同时，表格也可以和颜色进行结合（FineBI 可自动渲染为颜色表格），更直观地显示数据的数值大小分布，如图 8-10 所示。

年份	其他类型	住宅	非住宅
2007年		8242511	80000
2008年		8732234	
2009年		43995399	80000
2010年		62765983	247776
2011年	125000	94405383	1754800
2012年	340000	109777117	1604000
2013年		222114755	1562000
2014年		54528026	331830

图 8-10 销售额表格（单位：元）

8.2 颜色搭配一致性原则

颜色是最有效的美学特征之一，它可以吸引大众的注意力。我们最先注意到的特征就是颜色，它能够以直接的方式突出显示特定见解，标识异常值。正因为颜色的这些价值与特性，在使用颜色论证观点时更应遵循一定的原则，要以数据为基础，而不是依据个人的喜好或品牌的颜色。

1. 数值指标一致性

当根据某一个指标的数值大小进行颜色映射时，建议使用生长色系的渐变颜色。

图 8-11 统计的是不同年份的地区销售额情况。对于左侧的图表来说，其颜色不具有色系和生长规律，用户难以理解图中具体指标数值的含义；而右侧的图表则使用了生长色系的表达方式，它会传达给用户一种颜色可测量感，从而让用户根据这样的渐变生长色系很轻松地理解当年每个地区的销售额分布情况。

2. 指标颜色一致性

在同一仪表板中，对于相同的度量尽量使用同一色系的颜色方案，避免使用过多的颜色，以免对用户造成干扰。

我们在做销售看板分析时，通常分析指标有销售额和回款额，如图 8-12 所示。那么在对同一个指标做不同维度的数据可视化分析时，对于销售额和回款额建议分别使用相同的色系进行配色，比如销售金额尽量用黄绿色系，回款金额尽量用蓝色系。我们在遵循这样的指标颜色一致性配色原则之后，用户就能够快速地根据颜色区分来理解当前的数据可视化图表所要表达的指标含义。

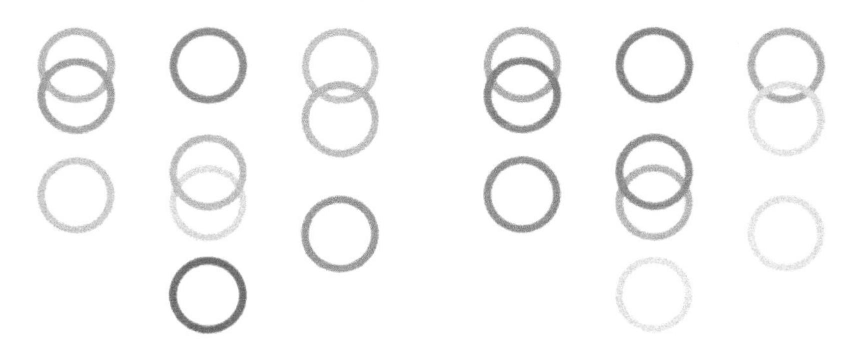

（a）使用杂色系的图表　　　　（b）使用生长色系的图表

图 8-11　不同年份的地区销售额

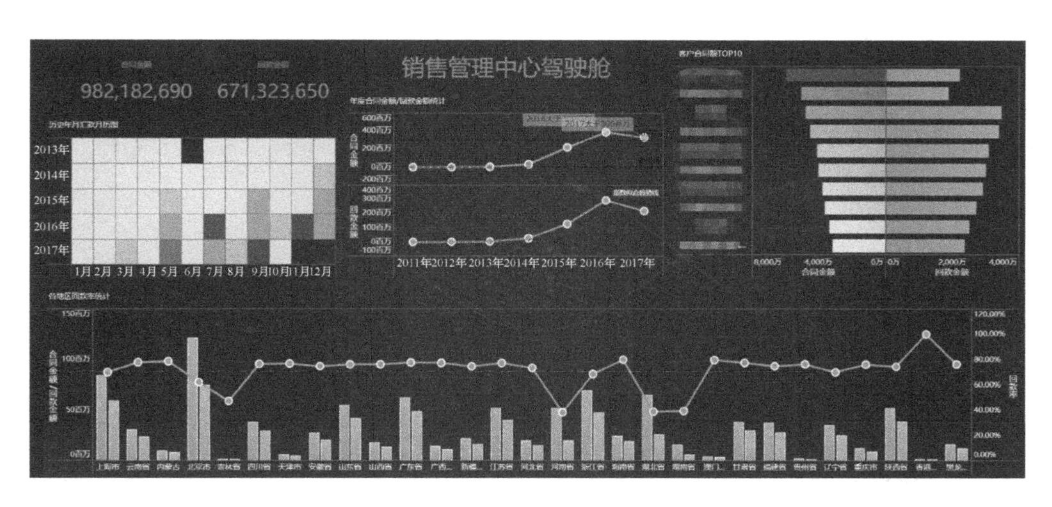

图 8-12　销售管理中心驾驶舱配色示例

3. 色系颜色一致性

在同一仪表板中，尽量选择相同色系的颜色方案，避免撞色。但是，在真正选择颜色搭配时，同一色系的判断就成了问题。针对色系搭配，FineBI 内置了很多美观的配色方案，可供用户进行同一色系颜色的选择，如图 8-13 所示。

另外，在进行自定义配色时，需要避免撞色情况。如把黄+白、蓝+黑、红+蓝、黄+紫等色系搭配，不但从视觉上看不美观，还容易对用户的眼睛造成刺激。

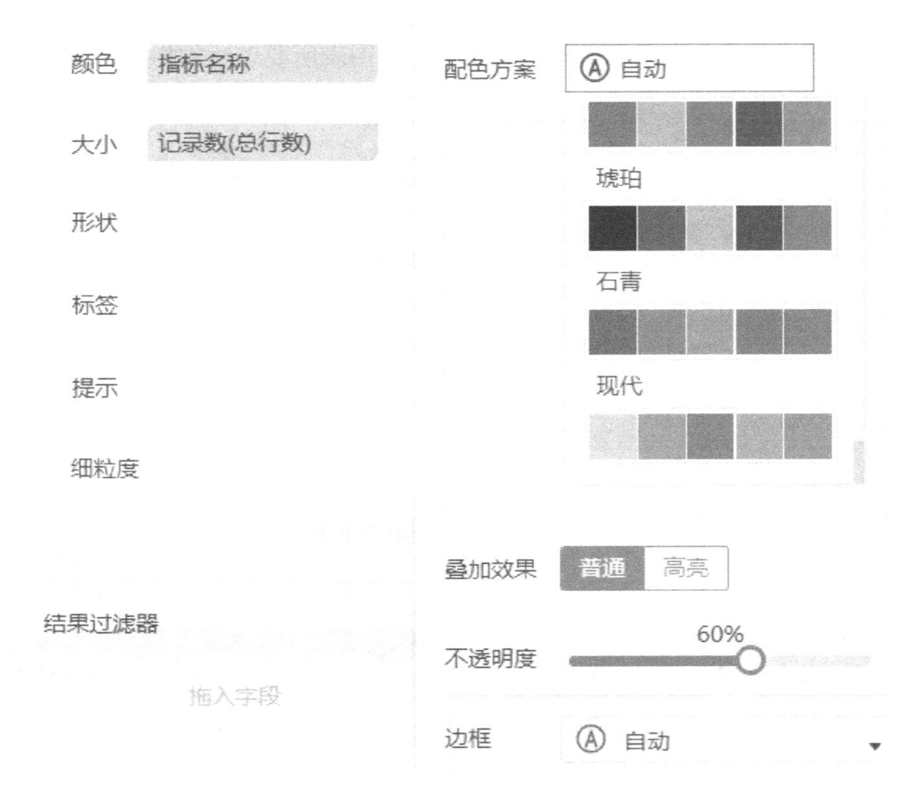

图 8-13　按色系选择配色方案

4. 语义颜色一致性

符合语义的颜色可以帮助人们更快地处理信息，应尽量根据指标含义选择最符合人类直观感受的颜色。例如，可以使用红色来表示热量分布，使用褐色表示干旱指数，使用蓝色表示降水量等。

8.3　仪表板布局设计原则

仪表板的用途是引导读者查看多个可视化图表，讲述每个数据见解的故事，并揭示数据见解之间的联系。那么在设计仪表板布局的时候，应当考虑设计的布局能正确地引导用户的视线，使用户可以发现正在发生的事情，了解最重要的信息及其重要性。

8.3.1　故事性可视化仪表板布局

在设计仪表板之前，我们首先需要知道用户的习惯和阅读需求。通常来说，用户查看一个仪表板或一个可视化作品就像看一本书一样，遵循从上到下、从左到右的原则。

也就是说，我们可以把最重要的核心指标分析（一般可以选择使用较大的数字进行 KPI 指标汇总显示）放在左上方或顶部。如果需要添加过滤控件进行页面级的辅助数据筛选，控件的位置一般放在顶部。其他一些次重要的分析指标可以放到左下方，最后一些相对不那么重要的数据或引导式分析最末尾的数据、明细数据、需要精准查看的数据等，可以放在仪表板的右下方位置。

如图 8-14 所示的故事性仪表板就遵循了从左到右、从上到下的原则，一步一步地引导用户发现该公司的优势，寻找信赖该公司的原因。

图 8-14　故事性仪表板示例

8.3.2　管理驾驶舱 / 大屏看板布局

在做一些管理驾驶舱 / 大屏看板时，我们需要将一些比较重要的数据（一般来说可能是地图或者核心的数据可视化需求等）放到中部进行展示。管理驾驶舱往往展现的是一个企业全局的业务，一般分为主要指标和次要指标两个层次。其中，主要指标反映核心业务，次要指标用于进一步阐述分析。所以在制作仪表板时，可给予不同层次指标不一样的侧重，这里推荐几种常见的版式，如图 8-15 所示。

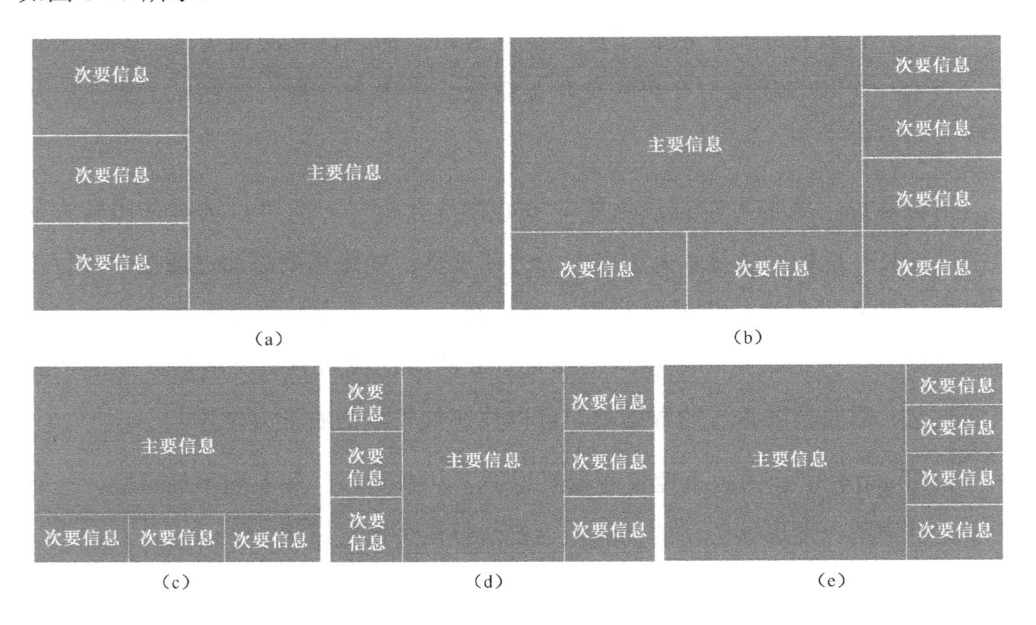

图 8-15　常见的管理驾驶舱布局版式

需要注意的是，图 8-15 中的版式不是必需的，只是常见的主次分布版式，能让信息一目了然。在实际项目中，不一定非要使用主次分布，也可以使用平均分布，或者可以二者结合并进行适当的调整。如图 8-16 所示，当指标数量较多、存在多个层级时，就可以进行一些微调，效果会很好。

图 8-16　微调后的版式

8.4　不断完善你的作品

当完成图表的数据可视化分析和组合布局之后，并不意味着已经完成了我们的数据分析报告，如果只是用几个图表组合拼接成一个仪表板，可能会让用户难以阅读和理解。因此，还需要不断完善我们的数据可视化作品。

1. 标题和文本注释

由于数据可视化分析报告的可读性至关重要，所以我们需要使用简短有力的标题和文本，以最少的字数传达最有价值的观点、信息或故事。

具体的方法是通过标题和文本注释，并结合可视化的方式对数据进行讲述，突出显示具体见解，提供其他背景信息，将所有这些元素整合到一个顺畅的演示中。通过这些故事点让用户能够以更加有序的方式深入探索每个可视化作品中的指标和见解。优秀的可视化作品不但可以帮助制作者更好地理解自己的数据，还可以更快地提供更有意义的见解，甚至启发其他人提出和回答新问题。图 8-17 中的仪表板就使用了标题和文本注释，因此，这个仪表板的内容和作用变得更加明确了。

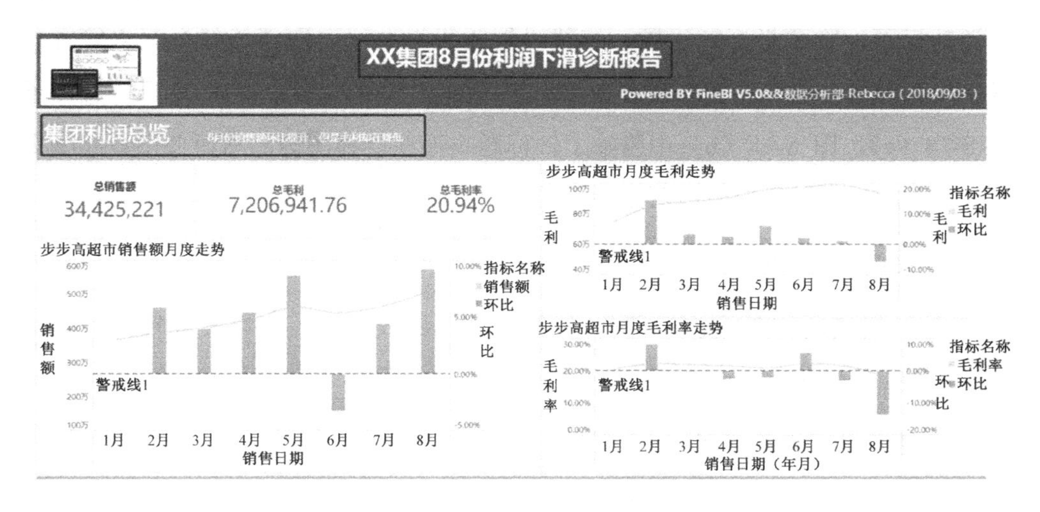

图 8-17　在仪表板中添加标题和文本注释

2. 不要重复相同业务意义的表达

同样维度和指标的数据可视化呈现形式多种多样，但注意不要在同一仪表板中重复相同业务意义的表达。例如，我们统计每个地区销售额的占比分布情况，可以使用折线图、柱形图、饼图来展现，但此时我们只需要选择最佳的表达方式（饼图）进行呈现即可。

3. 钻取分析多层级数据

对于一些有树层级关系的数据，在 FineBI 中可以通过数据层层钻取或多层饼图的形式进行呈现。数据钻取的形式让用户在做数据穿透分析时更加方便灵活，同时可节约常规仪表板多个维度分析所要占用的额外区域。

4. 联动分析替代过滤组件

我们经常会使用过滤组件对数据进行过滤筛选。但是考虑到用户的实际阅读体验，使用图表之间的联动关系来代替组件过滤，往往能够进一步增强仪表板的引导效果，让用户进行更加快捷和灵活的数据联动分析。

5. 消除杂乱

很多时候图表带有网格线、图例、标记点等一些杂乱的信息，用户不能很快得出图表要传达的内容，而是需要在这些杂乱的信息中查找对比，这样既破坏了图表的美感，又影响了阅读体验。可以通过隐藏网格线、隐藏图例、隐藏分类轴标题、隐藏指标轴标题、连线设置为平滑曲线、取消连线标记点等方式消除杂乱，从而提升图表的直观性和用户的阅读体验。如图 8-18 所示，相比于图 8-18（a），图 8-18（b）中删除了轴标题、连线点和图例，从而使图看起来更加直观，用户一眼便能明白两条折线的意义。

6. 长轴标签设置倾斜

当分类轴轴标签比较多，同时标签文字又比较长时，可以设置轴标签倾斜，以便完整显示轴标签。

7. 悬浮布局换取空间

当仪表板空间有限时，可以设置相近业务含义的组件悬浮于其他组件中，以便节约空间。

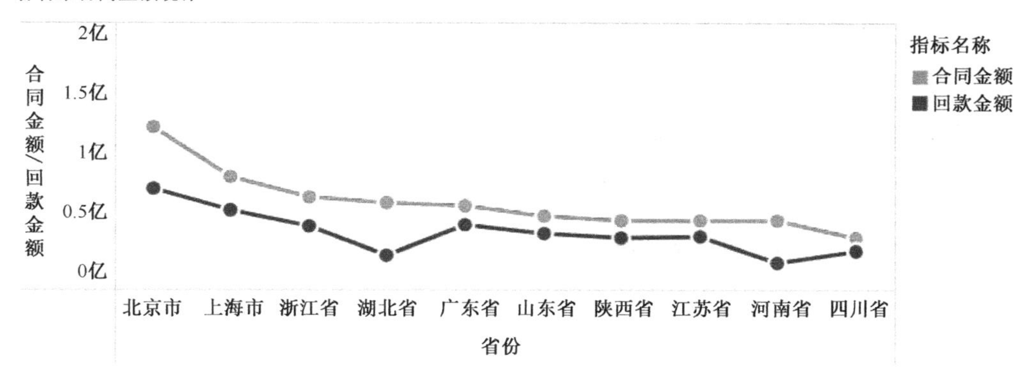

（a）消除杂乱前

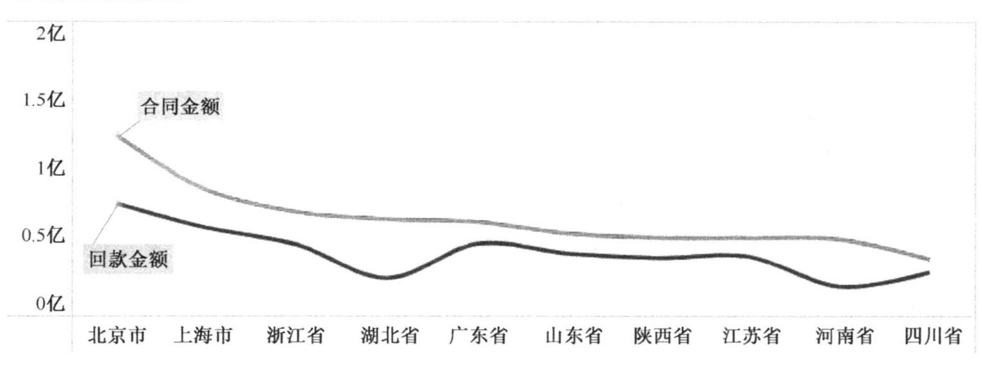

（b）消除杂乱后

图 8-18　消除杂乱前后对比效果

8. 突出显示项

使用颜色属性对指标进行区间设置，突出显示异常/优秀数据（也可以添加闪烁动画）。

9. 隐藏部分组件标题

对于地图、KPI 指标卡，通常会将组件的标题隐藏，以便简化显示。

另外，对于可以从图表直观感受到数据的业务分析含义的组件，也可以将其标题隐藏。

10. 背景和边框美化

最后，我们可以设置组件背景边框和仪表板背景图片来进行仪表板的整体美化；整个仪表板的标题也可以通过借助标题辅助图片悬浮布局进行美化。在美化过程中，需要注意局部样式和全局样式的优先级。

总而言之，一个优秀的可视化作品至少应该符合以下原则：

（1）业务数据逻辑准确；

（2）报告故事布局可读性强；

（3）图表类型表达合理；

（4）颜色属性类表达合理；

（5）数据背后业务分析引导具有启发性。

优秀的可视化作品不但可以帮助制作者更好地理解自己的数据，还可以快速提供更有意义的见解，甚至启发用户提出和回答新问题。构建商用可视化仪表板是一门综合技艺，需要运用科学、艺术、交流、叙事等各方面的技能。人人都可以制作仪表板，但要获得真正有效的商用可视化仪表板，需要投入时间、开展协作、进行迭代，并多从用户角度出发，精益求精，再优秀的仪表板仍然可以继续完善和改进。

实践

（1）毛利率下滑异常原因分析（仪表板优化）。

通过本章所学内容，按照优秀的数据可视化作品制作原则，对第 7 章习题中的毛利率下滑异常原因分析仪表板进行优化。

第9章　数据可视化故事讲解

如前所述，仪表板展示能够让用户获取数据见解并产生思考。但是做到展示仍然不够，因为用户缺乏对数据背后的事实和数据背景的理解，难以产生情感上的共鸣。这就需要我们用故事的形式将可视化分析报告背后的内容高效地传达给受众。

通过故事的形式，数据将变得生动精彩，用户也能够更容易地理解和梳理数据背后的情况。而如果没有吸引人的故事描述，即便再美丽的数据和可视化图表也会显得平淡无奇。故事通过从整体到局部的发散，往往能够以超越事实的魔力，让用户从情感上参与进来。除此之外，数据故事还能够简化我们的工作，也可以为未来的前景提供数据参考。

本章主要内容：

- 何谓好的数据故事
- 如何生动讲解你的数据可视化故事
- 感受数据可视化故事的真实魅力

9.1　何谓好的数据故事

好的数据故事如同一部优秀的影片。优秀的电影能够让人记忆深刻，并且引发共鸣和深入思考。好的数据故事则能够更快地提供更有意义的见解，甚至启发其他人提出和回答新的问题。

那么，何谓好的数据故事？通常来说，好的数据故事具有以下特征：

（1）数据必须是真实可信的；

（2）具有清晰的人物或背景；

（3）有较大的问题挑战背景；

（4）有明确的预期或结果。

首先，故事中的数据必须是真实可信的，否则，即使看起来再有指导性的数据分析结果其实也只是误导。其次，一个好的数据故事要有清晰的人物或背景设定，这样用户才会对人物有一种感同身受的共鸣体验。再次，人物必须面对困难且有可信的挑战背景。最后，在故事尾声时，结果或预期变得明朗，情况不一定得到解决，但故事要有明确的结果。

9.2 如何生动讲解你的数据可视化故事

有了好的数据故事的标准后，接下来就是将你的数据可视化故事打造成好的数据故事，并生动地进行讲解。

9.2.1 准备工作

你需要做好数据讲解的准备工作，即明确你的沟通对象、沟通内容、讲解的形式和语气。

1. 你要和谁沟通？

确定并熟悉沟通对象的特征，这是准备工作的第一步，也是非常重要的一步。通常来说，你的受众越具体，你对他们越了解，沟通的有效程度会越高。不要尝试一次性去和太多需求不同的人沟通，这意味着你要对不同的人采取不同的沟通方法。如果你们是初次了解，那么你需要首先取得彼此的初步信任；如果彼此已经比较熟悉和信任，那么你需要做的就是继续保持数据专家的形象。

如果无法避免和多种不同的受众进行沟通讲解，那么就尽量聚焦于你要核心打动的群体（通常是利益相关的决策者）。

2. 你希望受众了解哪些内容或做什么？

在讲解的整个过程中，你要不断谨记当前所要传达给受众的核心目标，帮助受众建立清晰的认知，这应该贯穿讲解过程的各环节。

另一个非常重要的方法是，在你讲解的过程中，要给自己建立自信，你才是该数据分析主题的专家，你才是解读数据且帮助人们理解和做出反应的人，不要被受众的反应所控制。大部分人可能处于舒适区，对于初学者来说，这也许有难度，但请从现在开始改变，随着时间的推移，相信这对于你来说会变得越来越简单。

3. 区分讲解形式

通常来说，讲解形式一般分为现场演示和书面文档/电子邮件的形式，这两类形式在可控程度和详细程度上存在一定的区别，如图 9-1 所示。

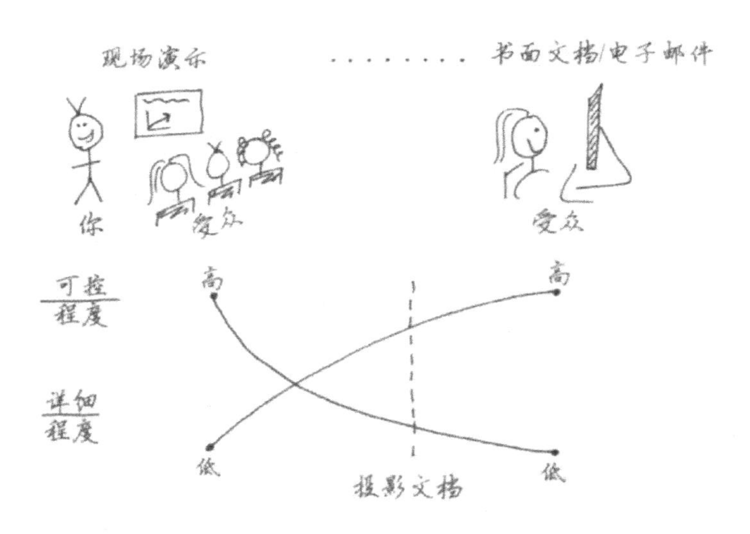

图 9-1　讲解形式

对于现场演示，讲解人有充分的节奏把控权。你能决定受众看到哪些内容及何时看到，并且可以针对现场的种种迹象来调整讲解进度和详细程度。不是所有的细节都需要展示在幻灯片或演示文档中，演示材料尽量精简（让受众将注意力集中在你身上，而不是分散到幻灯片上），但你要做好充分的准备去回答受众可能提到的相关问题。

对于书面文档而言，讲解人对受众的引导和控制权就减弱了很多，受众自身可以决定查看情况。鉴于你不在现场，无法对受众问题即时做出相关反馈，所以建议准备的材料内容要尽可能详细，便于回答受众可能想到的潜在问题。

4. 讲解语气

讲解语气一般来说可以视情况而定，例如，是庆祝某项活动取得的良好成绩，还是对某个项目的失败做出反思总结；是轻松、严肃，还是正常、平缓，根据具体讨论的话题进行调整即可。

9.2.2 故事模板

先来看图 9-2 中的一个数据小故事，这里运用了典型的亚里士多德三段论原则，具有清晰的故事开始（故事背景）、中间（情节起伏）、结尾（方案建议），简单而深刻。

三分钟故事：我们几个科学组的教师正在对如何解决下一届四年级学生的问题进行头脑风暴。这些孩子在第一次上科学课时可能会感觉“课程很难”或“不会喜欢这门课”。需要在学年初花相当长的时间才能扭转这一情况。所以我们想，如果让孩子们早些接触科学会怎么样？我们能否影响他们的感受？带着这个目标，去年暑期，我们尝试组织了一个试点学习项目。我们邀请了很多小学生，最终有一大批二、三年级的学生参与。我们的目的是让他们提前接触科学，以期形成好感。为了验证项目是否成功，我们在项目前后对学生进行了问卷调查。结果表明，在项目初期，40%的学生只觉得科学一般，而项目结束之后，他们大多数人都对科学有了好感，近 70%的学生表示对科学有一定的兴趣。这说明项目取得了成功，我们不仅应该继续开展，还要逐渐扩大覆盖范围。

中心思想：暑期试点学习项目在提升学生对科学的好感方面取得了成功，因此我们建议继续开展，请批准项目预算。

图 9-2　三段论数据小故事[1]

1 Cole Nussbaumer Knaflic. Storytelling with Data: A Data Visualization Guide for Business[M]. New Jersey: Wiley, 2015.

1. 开头（它是什么？）

开头部分要做的是介绍故事的背景，核心要达到的目标就是激发受众参与的兴趣，表达出“现状与演变的紧张冲突”，回答受众脑海中的潜在问题：我为什么要关注，关注之后对我而言有什么意义？

2. 中间（它发生了什么？为什么会发生？未来还会发生什么？）

在开头部分介绍背景之后，中间部分是一个演变的过程，要描述清楚解决问题的思路，以及进行前后的数据分析对比。要通过说明我们如何解决所引入的问题，将受众的注意力保持在故事发展的部分，旨在说服他们为什么要接受我们提出的解决方案及按照我们的建议方式采取行动，强化受众的参与意愿。

沟通内容要尽量将受众放在首位，考虑我们的举证怎么样才能激发他们的心理共鸣，进而让我们的行动号召更加有力量。

3. 结尾（我们该怎么办？）

故事的最后，我们通常需要以建议的解决方案结尾。其中最经典的一个方法就是进行首尾呼应，在故事的开头，我们设定了戏剧的紧张性，为了总结，可以回顾一下这个问题及对行动的需求，重申紧迫性，让受众准备采取我们建议的解决方案。

9.2.3 叙事顺序

在讲解的过程中，我们的叙事顺序决定了受众对故事的理解过程，叙事顺序可分为时间顺序和时间倒序两种。

1. 时间顺序

时间顺序是我们最常用的叙事顺序。通常来说，一般的分析过程如下：

（1）发现一个问题；

（2）收集数据以便更好地了解事实；

（3）详细分析数据，以一种或另一种方式看数据，联系其他事物看看是否有影响；

（4）得出结论 / 提出解决方案。

按照时间顺序叙事的方式适用于我们需要和受众建立彼此的信任，或者受众关心问题的分析和解决过程的情况，让用户跟随故事的发展节奏，这种方式会很有吸引力。

2. 时间倒序

另一种方式是按照时间倒序进行叙事，通常来说，一般的分析过程如下：

（1）从呼吁受众行动开始，给出希望 / 需要受众做什么；

（2）回到支撑故事的关键部分，对比分析相关数据；

（3）总结当前问题，并给出行动建议。

按照时间倒序叙事的方式适用于我们已经和受众建立了信任，或者受众并不关心问题的分析和解决过程的情况。这种方式能够让用户立刻定位到自己后续需要扮演的角色，以及了解后续他们为什么需要继续听下去。

9.2.4 重复的力量

我们为什么能够记住小红帽的故事？除了它本身具有很强的童话故事的趣味性，重复性也是很大的一个因素。

同样地，我们的故事讲解也可以利用重复的力量，信息重复或使用得越多，最终能够长期记忆且保留下来的概率就越大，当然也要注意合适的频率，不能让受众产生厌烦感。

对应于我们的故事讲解稿中，如图 9-3 所示，可以从故事背景简介开始，为受众列出我们所要覆盖的内容；然后在故事的中间进行详细的讲解；最后进行总结性的论述和要点回顾。

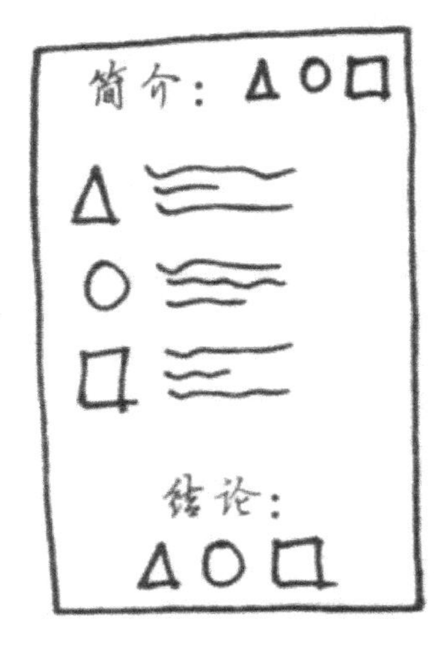

图 9-3　在讲稿中利用重复的力量

9.2.5　保证故事条理清晰的策略

要保证故事条理的清晰，我们就要明确仪表板中各图表的逻辑关系。

1. 水平逻辑关系

水平逻辑关系指通过每部分的标题，即可将所有部分组合成整个故事。

通常来说，我们先添加一个概要，概括其他部分的子标题，如图 9-4 所示。通过这种方式能够告诉用户故事的大纲，快速带他们浏览一遍内容主题。

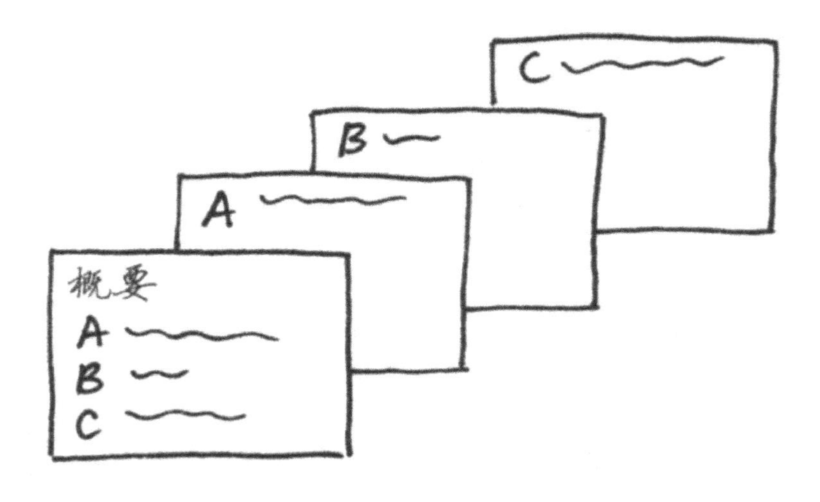

图 9-4　水平逻辑关系

2. 垂直逻辑关系

垂直逻辑关系指仪表板中所有的内容都是自强调的，能够做到内容和标题呼应、文字和图表呼应，如图 9-5 所示。

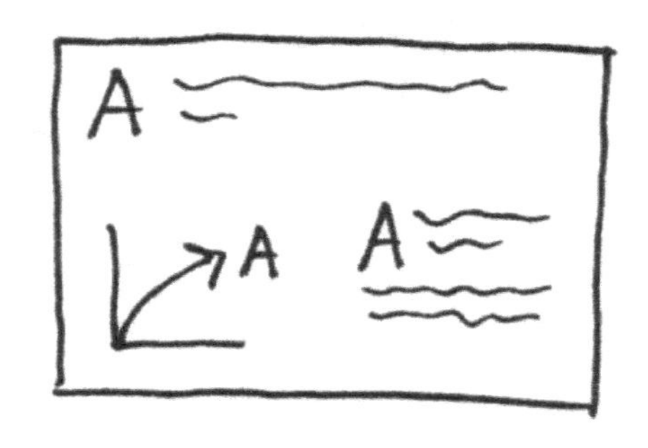

图 9-5　垂直逻辑关系

水平逻辑关系和垂直逻辑关系的组合使用将有助于确保我们的故事在沟通中清晰易懂。

9.2.6　改进建议

1. 三分钟故事与中心思想

数学家与哲学家布莱斯·帕斯卡曾经说过，“我宁愿写一封更简短的信，但我没有足够的时间”。其实简洁往往比详细更有挑战性，三分钟故事的思想（不超过 2～3 个重点问题，不超过 3～5 个重点概念）能够让我们更加清晰地理解将要讲解的故事。

中心思想指将所有的沟通内容进一步提炼成一句话，这句话需要满足以下条件：

（1）必须能陈述我们的独特观点；

（2）必须能切中要害；

（3）必须是一个完整的句子。

当我们的故事能够被提炼到这种清晰和简洁的程度时，准备沟通的内容也就水到渠成了。

2. 把自己想象成导演

把自己想象成故事的导演（自导、自拍、自演），尽可能地使用图表、图片和辅助文字进行说明。在设计图表时需要确保即时可读，但含义要随着图表的分析层层深入。

3. 新视角（受众视角）

新视角指从受众的视角来评阅我们整个数据可视化故事，受众视角的反馈对我们整个故事的改进非常有帮助。当我们完成数据可视化故事的构建之后，可以邀请朋友或同事来进行排练，以获得受众视角的反馈和建议。

4. 实用问题

除了上面介绍的方法，还可以结合下面这些实用问题反复对自己提问，从而提醒自己抓住要点，不断优化故事。

（1）有哪些至关重要的背景信息？

（2）受众和决策者是谁，对他们有什么了解？

（3）受众可能对话题存在什么正面或负面偏见？

（4）有什么数据可以支撑这样的案例？受众对这些数据是熟悉的还是陌生的？

（5）有什么风险？什么因素会弱化案例，是否要提出来？

（6）成功的产出是什么？

（7）如果时间有限（类似三分钟故事），或者需要用一句话告诉受众我们的见解（类似中心思想），我们会说什么？

9.3　感受数据可视化故事的真实魅力

下面我们通过一个具体的例子来感受数据可视化故事的魅力。故事发生在某零售企业的经营汇报会议上，某位负责人正在通过可视化仪表板说明 8 月集团毛利总额下降的原因。

1. 开头

根据集团数据中心 8 月发布的经营月报，我们发现近期集团总体经营状况不佳，8 月集团毛利总额出现下滑，但销售总额环比增长。为了充分考虑各省市的门店、商品等影响因素，我们通过 FineBI 对历史数据进行多维探索分析，尝试找出毛利下滑背后的原因。

2. 中间

我们来看集团的核心利润数据总览，8 月集团的销售额环比提升 9.24%，但毛利总额下降了 5.75%，毛利率更是下降了 13.72%。

我们尝试将视角分解到各地区，发现 8 月湖南省长沙市的毛利率异常，低至 15.16%。通过分析长沙市各门店的毛利率数据，我们定位到毛利率异常的门店为长沙梅溪湖店，该店 8 月的毛利率居然只有 2.58%。

为了进一步了解长沙梅溪湖店的 8 月经营状况，我们尝试通过四象限图将不同品类的商品进行散点图分布呈现。分析发现，零食品类的商品毛利率为-5.5%，毛利也呈现严重负态，销量却异常高于其他品类。通过零食品类联动具体分析每类商品的毛利率情况，发现异常商品为德芙巧克力，在销量为 17116 份的情况下，却出现了毛利率为-8.1%、毛利为-41617 元的情况，呈现明显的高销量低毛利的异常状态。

3. 结尾

通过联动导出该商品异常订单的明细数据，经过进一步排查发现，8 月 17 日七夕节当天，巧克力出现了大量异常销售，疑似内部员工空买空卖，集中使用优惠券套取利益，目前相关数据已经全部交由审计部跟踪追查。

为了预防此类问题再次出现，我们考虑将以上分析过程常规化，以省市—门店—品类—商品为监测维度，通过设置销量与毛利率预警线，建立异常销售预警模型，及时监控各类商品高销量低毛利的情况。

相信看完这个故事，读者对毛利总额下降的来龙去脉及后续采取的措施有了非常清晰直观的理解，这便是一个优秀的数据可视化故事的价值所在。

思考与实践

1. 理论知识

（1）优秀数据故事的标准有哪些？

（2）数据故事的三段论原则是什么？

（3）时间顺序和时间倒序的叙事顺序分别适用于什么场景？

2. 操作实践

（1）故事讲解：毛利率下滑异常原因分析。

通过本章所学习的数据故事讲解知识，对第 8 章课程作业中改进后的毛利率下滑异常原因分析仪表板进行讲解。

第 10 章　企业 BI 信息建设与推广

尽管 BI 能为企业带来巨大的价值，但企业应用 BI 绝非一蹴而就，除了要具备 BI 分析和可视化分析等实质操作能力，企业整体的 BI 信息建设与推广也会影响企业 BI 项目的成败。本章从整个企业的角度出发，介绍 BI 信息建设与推广的相关内容。

本章主要内容：

- 现代商业智能时代的到来
- 企业 BI 自助分析建设推广
- 企业数据人才的建设培养

10.1　现代商业智能时代的到来

当今时代，随着企业数据指数式爆发增长，传统的企业报表信息化烦琐的工作流程、低时效性和低敏捷性的弊端越发凸显。处在企业数字化运营后端的 IT 部门或信息部门演变成一个被动的企业取数机，成就感和价值感低，业务部门也因为 IT 部门响应不及时而怨声载道。在这样的背景下，现代商业智能（BI）应运而生。

为了更好地理解传统报表和现代 BI 之间的区别，我们以图 10-1 所示的 FineReport 和 FineBI 为例，从面临的角色、工作流程、优势等方面对传统的企业报表信息化和现代 BI 信息化进行详细的对比。

首先，在 FineReport 的工作流程中，信息部门充当主要角色，承担底层的数据清洗，以及前端的数据可视化分析工作。一般领导会先提出规划或问题，然后业务部门负责承接和达成，而业务部门的相关数据和报表需求由技术部门来支撑和响应。需求增多后，企业信息部门的工作也变得非常繁忙，业务部门的数据需求往往需要进入长期的等待队列中，难以被及时响应。

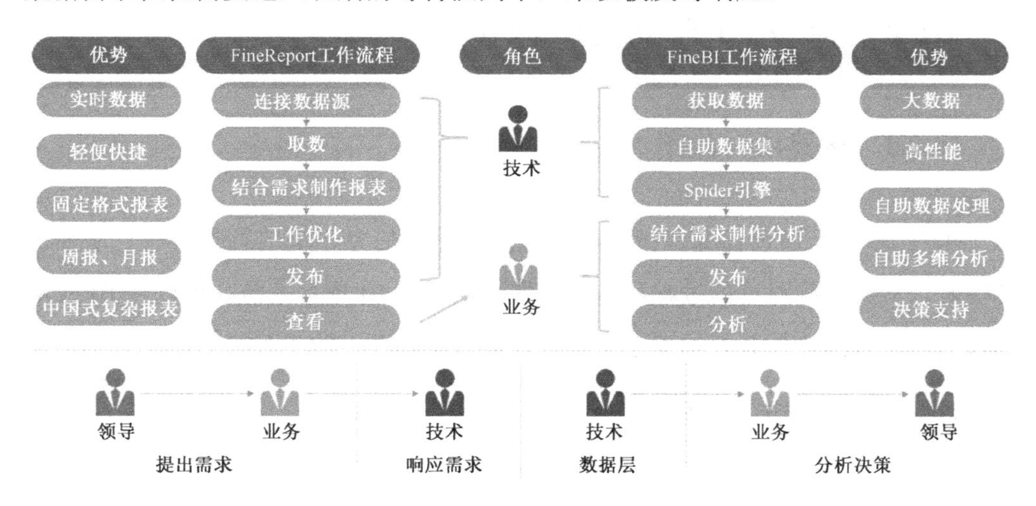

图 10-1　FineReport 与 FineBI 的区别

其次，信息部门在跟业务部门沟通完业务需求后，由于沟通过程可能存在偏差，信息部门做出来的数据分析结果可能不完全是业务部门所需要的。

最后，某些场景下数据分析的需求更新迭代快，可能领导提完需求，在看了信息部门做出来的数据分析结果之后，又提出更改需求。

针对以上传统的企业报表信息化应用痛点，FineBI 在进行企业数据分析应用时，将信息部门擅长的底层数据建模和清洗工作仍交由信息部门完成，将业务分析则交由最熟悉业务场景的业务部门负责。所以，信息部门在给业务部门准备好相关数据之后，直接让业务部门在前端通过鼠标点击及拖拉拽的方式生成自己所需要的可视化分析图表。这样一来，在工作流程方面，能较大地提高企业的数据分析效率，同时解放了信息部门的人力并降低了时间成本。

类比于大家熟悉的 Photoshop 软件和一些易上手的美图软件，在产品的实际学习和使用中，FineReport 相当于比较专业的 Photoshop 软件，而 FineBI 相当于简单易上手的美图软件。如果把最后的数据分析结果比喻为一顿大餐，那么 FineReport 是一桌经过精心准备的满汉全席，而 FineBI 是可供用户自由选择的、丰盛的自助餐。

10.2 企业 BI 自助分析建设推广

10.2.1 构建项目蓝图

BI 的本质是通过计算机技术，实现从数据到信息、从信息到知识、从知识到决策、从决策到财富的过程和结果。在企业开始 BI 项目之前，可以将 BI 应用平台的信息化建设划分为以下五个阶段，从而构建项目的宏观规划蓝图。

1. 告诉企业发生了什么

提供事先预制报告、企业记事卡或综合管理数据，利用集中管理的关键绩效指标（KPI），解决企业运营绩效问题，监控企业的发展，用简单的方式实现复杂的报告。

2. 让企业探索为何发生

尽管业务部门可以从固定的报表、报告和一些关键的 KPI 中得到很多相关的信息，但其发现问题后还需要了解这些问题为何会发生。这时，就需要进行 OLAP。业务分析人员经常需要根据问题完成相应的分析和报告，因此，在很多情况下，业务分析人员和决策制定者都需要一套实用的 BI 工具，通过访问集成好的数据仓库来获得需要的信息。

3. 让用户实时看到现在发生了什么

企业决策层在制定当前情况下的业务战略和决策时，需要获得几乎实时的数据，回答及时发生的问题。因此，企业的运营模式和业务流程会发生较大的变化，对数据的及时性要求会更高。

4. 帮企业预见即将发生什么

企业只了解现在还不够，还要了解将来会发生什么，以及进行风险预测和评估。因此，BI 平台还需要具备统计分析功能，以便帮助企业分析企业的行为、预测业务趋势及辨认欺诈行为等。

5. 希望发生什么

决策依据由企业的数据见解提供，企业的数据来源于各业务系统和运营环节。因此，企业在最后的阶段需要根据 BI 平台输出的分析结果，制定明确的经营决策和业务决策，让业务沿着正确的轨迹、朝着预定的方向前进，从而达到企业预期的目标。

10.2.2 先行要素

BI 项目的成功要素有很多，其中有两个先行要素是至关重要的。

1. 找准 BI 厂商

最早开拓 BI 市场的是国外厂商，但由于中国本土企业自身的特点，大部分国外厂商的本土化运作并不成功，且国内也不乏诸如 FineBI 之类的优秀产品。因此，企业在进行 BI 产品选型前，要对市场上的主流 BI 产品有详细的了解，不盲目崇拜国外产品，不被某个厂商的某个功能所吸引，综合考量目标产品，并结合自身需求选择最适合企业的 BI 产品。

2. 寻求行政领导的支持

对于企业来说，如果想进行信息化转型，得到高层行政领导乃至 CEO 的支持尤为重要，这对于企业 BI 项目立项起着关键性的作用。

通常来说，企业行政会议都使用各类静态报告或 PPT 进行汇报，这为探索式 BI 工具的运用提供了大好机会。在此类会议中，引入极具交互式的仪表板，能让参会人员现场查看数据，从而引起参会者的好奇心，满足其求知欲。另外，为了提升数据的价值，高层领导在其决策制定过程中经常使用数据，他们完全遵循这种从数据获得信息的方法，并希望其他人效仿，从这个角度切入，也可以获取高层领导的支持，从而为后续 BI 项目的顺利立项和推进提供基础。

10.2.3 重新定位企业 IT 部门角色

1. 传统报表模式

如图 10-2 所示，企业在使用传统报表模式时，IT 部门通常需要先完成数据准备、ETL、需求汇集、分析等大量工作，然后为业务部门制作大量的报表，最终将报告提供给业务人员。使用这种传统的报表模式，业务部门可以直接得到答案，但经常会处于“知其然，不知其所以然”的状态。这使得业务人员不能更深入地分析数据以洞察导致现状的原因。另外，由于工作流程冗长，IT 部门数据报表任务队列超负载，大量问题悬而未决，需要很长时间才能得出分析结果。

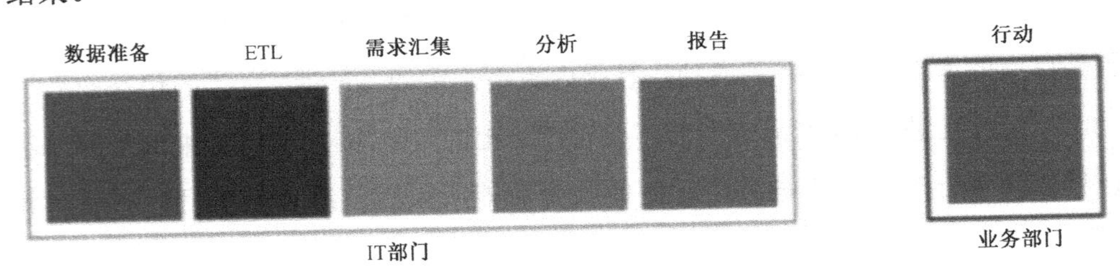

图 10-2 传统报表模式

2. 理想自助分析模式

如果使用理想自助分析模式会怎样？

理想自助分析模式如图 10-3 所示，IT 部门向业务部门提供经过审查的数据源，让业务部门人员自行分析数据并得出报告。在此模式中，IT 部门为业务部门提供了底层数据支持，但两个部门独立工作，从而导致无结构的混乱，并且容易引发数据安全性和完整性问题。由于各部门间缺乏团结和协作，在决策制定方面也容易出现矛盾。

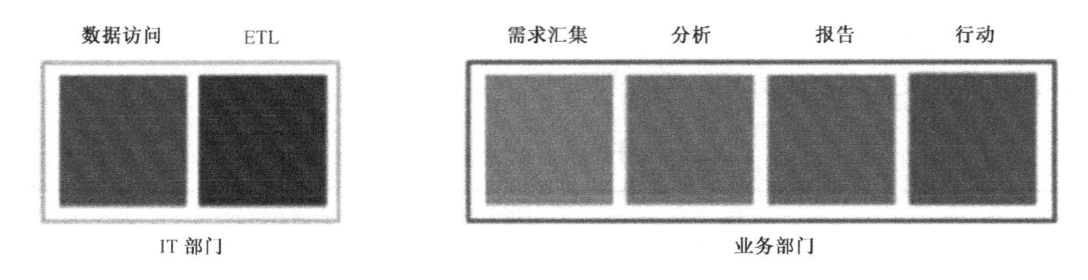

图 10-3 理想自助分析模式

3. 现代商业智能模式

现代商业智能模式则让 IT 部门和业务部门实现合作。IT 部门创造了受信任数据和内容（固定数据报告）的集中环境，安全与数据完整性不以业务敏捷性和创新为代价，从而让业务部门能够访问权限范围内的数据，通过 OLAP 提出自己的问题并找到所需答案，进而指导业务决策，如图 10-4 所示。

这样一来，企业的 IT 部门也将从传统取数机模式的成本中心，逐步转化为显著帮助企业提升价值的数据利润中心。

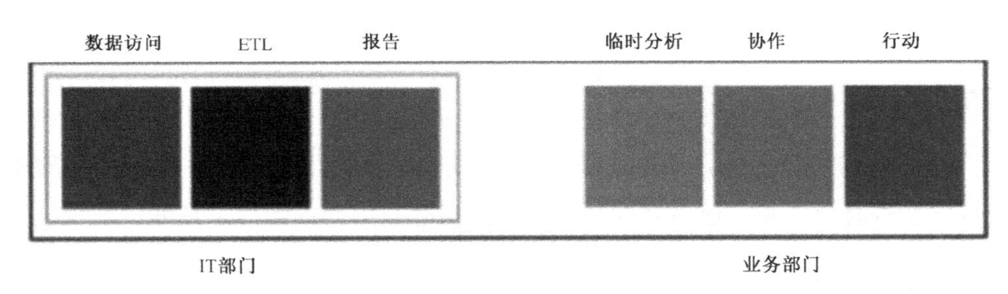

图 10-4 现代商业智能模式

10.2.4 构建商业智能数据决策平台

企业完成 BI 项目立项之后，IT 部门就需要正式构建 BI 数据决策平台了。基础的准备工作至少应该包含 BI 服务器安装部署、业务部门需求调研、基础业务数据主题包、基础仪表板库、用户分层和权限管控、基础工具应用培训六大步骤。

1. BI 服务器安装部署

以 FineBI 为例，一般来说，可以按照如表 10-1 所示的推荐配置，根据具体数据量选择合适的单机服务器硬件配置。多节点或更加详细的介绍可以参考FineBI帮助文档《FineBI服务器配置推荐》[1]。

表10-1 FineBI服务器推荐配置

数据量 / 千万	CPU	可用内存 / GB	可用磁盘空间	网卡
0～1	8核，2.5GHz及以上	16～32	500GB	
1～3	8核，2.5GHz及以上	32	500～700GB	
3～5	16核，2.5GHz及以上	64	700GB～1TB	
5～10	16～24核，2.5GHz及以上	64～128	至少1TB	千兆以上

2. 业务部门需求调研

安装部署BI服务器后IT部门需要对各业务部门（或者试点部门）进行业务数据分析需求调研，这部分工作非常重要，是后续BI正式推广的桥梁，IT部门需要格外重视。

在这个环节，至少需要清晰以下两个内容。

（1）明确相关业务部门的数据分析需求，为基础业务数据主题包的搭建做好充分准备。

（2）明确用户类型，明确哪些部门的用户需要设计仪表板、哪些部门的用户只需要查看仪表板，以及哪些部门的用户需要使用移动端展示功能。

3. 基础业务数据主题包

经过前期的业务部门需求调研，IT部门需要根据调研结果，基于业务分析主题归类搭建业务包，如将财务、人事、生产、销售等部门的数据表进行归类，形成主题业务包。另外，IT部门要构建相关数据表之间的关联关系及常用的自助数据集，为基础仪表板库的构建及业务部门用户的自助分析提供高效和清晰的数据源支撑。

4. 基础仪表板库

完成基础业务数据主题包的搭建之后，接下来需要完成基础仪表板库的构

---

1 http://help.finebi.com/doc-view-352.html。

建工作。通过前期准备好的业务包数据，以及业务部门需求调研得到的相关数据需求，IT 部门前期可以将常用的数据分析场景固化为基础的仪表板，供业务部门查询和分析使用，同时这些仪表板的某些数据来源和制作方法也能为后续业务人员进行探索式分析提供一定的帮助与指引。

5. 用户分层和权限管控

搭建完基础业务数据主题包、构建好基础仪表板库之后，为了管控企业各部门和用户的数据权限，IT 部门需要导入企业相关的 BI 平台用户，并且做好用户分层（次级管理员/设计用户/查看用户/移动端）、权限管控（控制各部门、岗位、角色的权限，用户只能看到对应权限范围的业务包、数据表、目录和仪表板）等工作。

需要注意的是，在企业进行 BI 平台的构建时，建议同时准备好服务器测试环境和生产环境。相关内容可先在测试环境中开发，然后通过复制压缩替换 webroot 工程或以资源迁移的方式迁移到生产环境中。资源迁移的详细使用方法可参考 FineBI 帮助文档《资源迁移》[1]。

6. 基础工具应用培训

万事俱备，只欠东风。BI 平台搭建好之后，下一步就需要对业务部门、数据分析师和 IT 人员进行 BI 基础工具的应用培训。

业务部门培训内容：数据加工、可视化分析、仪表板驾驶舱。

数据分析师培训内容：数据准备、数据加工、可视化分析、仪表板驾驶舱。

IT 人员培训内容：数据准备、数据加工、可视化分析、仪表板驾驶舱、管理系统。

如此，常规的数据分析查询看板已通过 IT 人员前期准备好的基础仪表板库实现，业务人员及数据分析师需要 OLAP 时，可以借助 IT 部门分配的业务包数据使用交互式仪表板来实现，以便对数据进行深入的洞察。最终，通过 BI 平台，企业能够实现 IT 部门和业务部门的相互协作，提高业务部门的数据分析效率，

---

1 http://help.finebi.com/doc-view-441.html。

同时解放 IT 部门的人力和时间成本。

10.2.5 数据分析氛围拓展

构建好 BI 平台后，可以通过开展进阶的数据分析专题培训、组织企业内部的数据可视化大赛及职业资格认证等方式，不断营造和拓展企业的数据分析文化，使企业朝着人人都能用数据讲故事、人人都是数据分析师的终极目标迈进。

1. 进阶的数据分析专题培训

企业可以举行诸如数据分析思维、仪表板设计布局美化、用数据讲故事等进阶的数据分析专题培训，从而培养更多的数据可视化分析高手。

2. 数据可视化大赛

企业内部举办数据可视化大赛，能够通过优秀作品故事化讲解的形式带动数据分析文化的学习交流和传播。

3. 职业资格认证

在企业内部推行资深 BI 工程师认证（FCBA/FCBP），认证体系可与公司岗位职级的专业技能项挂钩，从而提高员工对 BI 工具应用的掌握能力。

10.2.6 推广模式

在企业中进行 BI 信息化建设推广通常来说有两种模式：一种是自上而下进行推广，另一种是自下而上进行推广。下面分别介绍两种推广模式的具体方法及各自适合的企业类型。

1. 自上而下

自上而下推广指由领导层先开始使用，领导层更关注的是宏观的指标，因此，IT 人员在准备数据时要更偏向于整体的汇总数据，维度要全面，且结构要清晰简单，不要让领导层花费太多的时间进行数据加工等操作，从而提高领导层使用的积极性。同时，在使用的过程中，要给予领导层更多的协助，如可以多做一些培训和进行数据可视化故事讲解、仪表板管理驾驶舱演示等，领导层在感受到 BI 平台的价值之后，再往下推广就会容易得多。

2. 自下而上

自下而上推广指由基层部门开始使用推广，由于基层部门数量较多，包含的数据量也很庞大，建议 IT 人员先集中精力做好几个关键部门的支撑工作，让他们能够更好地进行业务数据分析，然后向上级领导展现成果，上级领导认可之后再展开推广，这样后面的全员推广会相对顺利和可控。

3. 两者适合的企业类型

自上而下推广更适合企业数据比较集中，且数据质量比较好的企业，这样可以更轻松和准确地进行宏观数据的分析，领导层认可之后，往下推广会顺利许多。

而在数据比较分散的情况下，想要做宏观的数据分析，需要在前期进行大量的数据准备工作，这样会花费过多的时间，不如自下而上，先做好一个点，大家认可之后，再做好其他的点，待基层部门的数据整理好之后，上级领导关注的宏观指标就能够很轻松地呈现。

最后，在进行 BI 信息化建设推广时，还要注重数据和经验的相辅相成。在业务部门成功推行 BI 平台，意味着我们可以通过科学的数据指导决策，但不意味着我们可以将业务经验完全抛诸脑后。任何出色的数据分析活动都是从直觉和假设开始的，我们可以使用数据证实或反驳这种直觉和假设。要同等重视数据和直觉、经验，关键是做到平衡。

10.3　企业数据人才的建设培养

在数据爆发式增长的这 10 年，数据人才始终是这股浪潮中的焦点，但如何更好地定义数据人才在企业的发展和职能似乎成了一个始终缺乏最优解的难题。从整体背景来看，越来越多的企业开始把数据人才作为企业经营战略版图的核心组成部分，集中表现为越来越愿意花高薪聘请数据人才，数据人才的整体薪资水平不断提升。但是数据人才市场依旧处于紧缩状态，无论是大数据科学家，还是资深的大数据架构师，或者是普通的数据产品经理，在整个市场中一将难求，企业面临的数据人才供应挑战不断加剧。

另外，对传统企业更加不利的是，在这样紧俏的供需背景下，与互联网企业的薪资竞争力差距，以及企业创新环境的不足，更加制约了传统企业的数据人才建设。

那么传统企业如何才能更好地建设数据人才体系呢？下面将从企业的数据发展现状、数据文化建设和数据人才制度三个角度来探讨如何提高企业的数据人才体系成熟度。

10.3.1　定位企业数据发展现状

对企业进行准确清晰的数据定位是推进数据人才体系建设的第一步，因为企业处于不同的数据发展阶段，对于 IT 资源、人才资源、资金资源的需求不尽相同，更重要的是，企业在不同阶段感受到的数据价值和影响力差别显著，所以，数据团队的负责人第一步需要帮助企业找到清晰的定位，并基于当前定位分析数据能给企业带来的价值，从而推动领导对建设数据人才体系的信心。

企业数据发展可以分为四个阶段，图 10-5 从使用深度、工具、特质、人群四个角度来介绍数据发展不同阶段的特点。

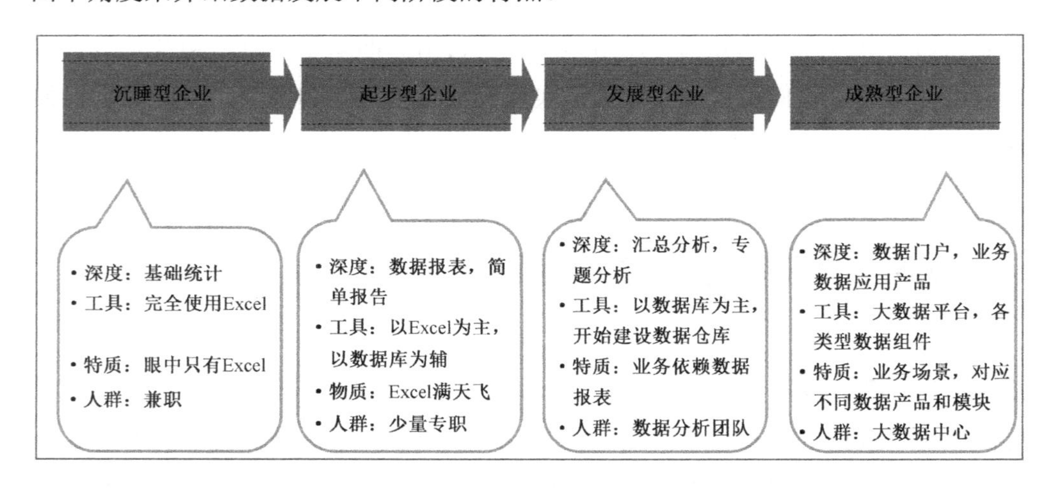

图 10-5　企业数据发展的四个阶段

对沉睡型企业，其基本是用 Excel 做一些基础统计和数据整理，在企业文化中，数据就是 Excel，做数据分析的人基本都是兼职。

对起步型企业，其已经开始有了用数据报表进行报告的习惯，企业特质是 Excel 满天飞，工具还是以 Excel 为主、数据库为辅，企业内部也出现了少量的专职人员来维护数据库。

在发展型企业里，应用深度逐渐转向了区分不同业务专题、区分汇总和明细的数据分析，文化特质变成了用数据说话，用数据规范工作，使用的工具也变成了以数据库、专业的分析工具为主，并且尝试了数据仓库，另外还有专业团队负责数据工作。

成熟型企业的特点更加鲜明，应用深度转向企业级数据门户，已积累了不少对应业务场景的数据产品，且这些数据产品或服务已是业务运营的核心组成部分，工具往往是大数据平台或各类成熟的数据组件，此时管理数据运营的是企业的一级机构，即大数据中心。

企业在不同的发展阶段，面对的数据挑战和相应的资源储备有极大的差异，对数据人才的要求自然不尽相同。只有清晰定位，才能有的放矢，进而推进企业改变数据现状，找到不同阶段的不同策略与方法。

因此，准确有效地帮助企业定位数据发展现状至关重要，但大部分数据团队经常忽略这点，或者不能实现准确定位，从而导致南辕北辙。

10.3.2　企业数据文化建设

在企业认可数据、积累数据的过程中，数据团队对数据人才的培养也会逐步找到一些窍门，这些方法和技巧都是以数据文化建设为中心的。

比如，通过不断地了解数据、熟悉业务流程，就可以让数据应用“携带”管理价值，得到领导的认可与支持，从而更好地自上而下推动数据文化的建设。

再如，通过找业务要需求、找同行的思路、找合作伙伴方获取对应的技术方案，这样可让没有开发能力的 DBA 具备举一反三的能力。在给业务部门宣讲数据价值的时候，不要局限在数据怎么用，而要在每次的数据传播过程中，通过用数据说话的场景和案例给业务部门灌输数据化管理的价值。通过这些方式，可以让数据使用者率先成为数据文化的推动者。

说到推进企业数据文化建设，最直接的就是培养企业业务人员的数据思维。

一方面，可以用大屏幕进行数据强制展示，将企业的数据信息展示出来，让大家直接感受价值。比如，可以在生产车间进行生产工艺监控的看板展示，让一线人员直接通过看板指导操作和辅助生产运营，预警监控，这对业务是有价值的。通过部门层面的习惯培养，就能逐渐形成重视数据的部门，这些部门对后续的数据文化建设至关重要。

另一方面，可以通过实际应用来让企业业务人员重视数据分析。

例如，某医药企业的一个核心业务是商业物流的配送分析，企业对这个模块关注度非常高。那么，从建设数据文化的角度，企业应该怎么做呢?

该医药企业将医药的物流分析放在首位，开发物流效能模块，将之前企业的货车流动行为通过图形展示出来，使每个节点都可监控，并通过点击某个节点就可以看到实时的运营情况和后台的相关数据。

对于该医药企业来说，这样可以很容易监控在运输过程中的不良行为，也可以快速进行异常响应，或车辆维护。

这样可使对数据不那么重视的业务部门认识到“数据还可以这么用，还可以这样帮助提升核心业务”。所以，一定要找到突破口，让业务部门觉得数据分析有用，能帮助开展业务，从而推动数据文化建设。

通过推进数据文化建设，可以获得业务部门的支持，进而获得空间去推动IT 能力升级，从规范流程、保证数据准确、降低沟通成本、支持决策等角度提升大数据中心的地位，这个过程可能是缓慢的，但至为关键。

在这个阶段，传统企业存在很多数据效率方面的问题，需要我们结合业务去思考数据的切入点。找到业务着力点，并利用数据提升业务，这也是数据人实现自我发展的一个有效途径。

10.3.3 企业数据人才制度

1. 推动 HR 部门进行人才需求规划

有效地开展人才需求规划工作，不仅是人力资源的基本职能，也需要业务部门（如大数据中心）的协助支撑，即企业数据人才梯队的建设不能只依赖 HR 团队，还要需求方加强人才机制的主动性和灵活性。

如图 10-6 所示，调研数据显示，从传统企业 HR 部门的现状来看，只有 7% 的 HR 部门会主动帮助数据团队进行数据人才建设规划；大约 13.3%的 HR 部门对行业相关领域的数据人才分布状况比较了解，会综合考虑各种内外部因素，利用各种量化的方法帮助数据团队进行人才需求分析；而 40%的 HR 部门仍然只根据公司的发展要求预估需求情况，主要考虑员工数量对业务规模的满足，往往不会考虑特殊人才（数据人才）的需求。

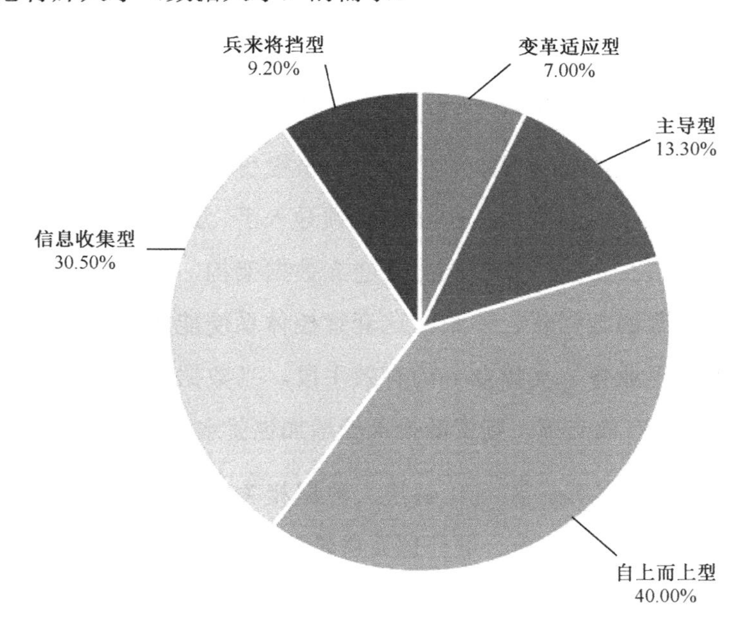

图 10-6 HR 部门对数据的人才规划

因此，对于数据团队而言，推进 HR 部门数据人才相关的人事工作，达成统一的标准，并提供正式的工作操作流程和模板，是改变企业缺乏数据人才的实质性步骤。通过有效的沟通机制和人才需求监控机制的建立，可以帮助数据团队更加主动、灵活地应对不同类型的数据应用背景，充分挖掘不同背景下的数据价值。

2. 推动 HR 部门进行数据职业生涯规划

帮助 HR 部门更好地构建企业的数据人才职业生涯规划也非常重要。

在新型人才的机制建设过程中，HR 部门需要来自业务诉求方更全面的建议和想法，这样可以帮助其将战略规划、员工的职业生涯规划、员工培训、长远激励等与员工的职业发展通道有机结合，使员工的职业发展通道能够在组织的各种变革过程中得到迅速调整与适应。

特别是为数据人才提供与其职业生涯规划相匹配的职业通道，能让数据人才在考察企业时就能比较清晰地了解晋升的标准与渠道，了解职业发展的机会。这是非常有吸引力的，并且能大幅度提高企业对优秀数据人才的挽留力度。

10.3.4 增大企业投入预期

加大对数据人才的资源投入是每个数据团队的诉求，但这往往得之不易。

数据团队需要通过建立自己的核心能力来吸引更多的资源投入。那么核心能力应该如何建立？我们可以从企业高层领导入手，通过推动企业高层领导的数据建设项目，站在企业经营的层面上建立数据架构，优化企业的业务分析，最终形成一套完善的数据管控体系。这套管控体系便能成为数据团队的核心能力，也将成为管理业务、支撑业务的有效手段。当数据团队建立起核心能力，为企业业务提供了有效支撑，则资源投入的增加也就水到渠成了。

最后，需要明确的是，系统化解决大数据相关的组织和人才问题，不仅需要 HR 部门在招聘和人才培养、继任体系搭建等方面运作一个又一个项目，更需要企业的大数据中心在为企业经营决策提供支持的同时，进一步探索和归纳以数据人才为核心的企业运营的最佳实践，为 HR 部门提供有效的数据和实践支撑，让 HR 部门的焦点不仅在解决数据人才的温饱问题上，而且在通过建立整合式的数据人才管理体系来更好地提升企业的大数据竞争力上，从而推动以大数据能力为基础的管理升级。当然，数据人才体系建设也是企业管理者进一步实现自我价值的不可多得的契机。

思考

（1）企业 BI 自助分析建设推广的先行要素是什么？

（2）现代商业智能模式中的 IT 角色定位是什么？

（3）采取哪些方式可以增强企业的数据分析氛围？

（4）企业 BI 信息建设推广模式包含哪两类，有什么区别？

（5）传统企业怎样才能更好地建设大数据人才体系，可以从哪几个角度考虑？

附录　FineBI 函数汇总

1. 数学函数

数学函数	说　　明
ABS(number)	返回指定数字的绝对值。number：需要求出绝对值的任意实数。 示例：ABS(−1.5) = 1.5
CEILING(number)	将参数 number 沿绝对值增大的方向，舍入为最接近的整数。number：待舍入的数值。 示例：CEILING(−2.5) =−3
EXP(number)	返回 e 的 *n* 次幂。常数 e 为自然对数的底数，约等于 2.17182818。number：任意实数，作为常数 e 的指数。 示例：EXP(3)约等于 20.08553692
FACT(number)	返回数的阶乘，一个数的阶乘等于 1×2×3×…×该数。number：要计算其阶乘的非负数。如果输入的 number 不是整数，则截尾取整。 示例：FACT(5) = 1×2×3×4×5 = 120
FLOOR(number)	将参数 number 沿绝对值减小的方向去尾舍入。number：待舍入的数值。 示例：FLOOR(−2.5) = −2
INT(number)	返回数字下舍入（数值减小的方向）后最接近的整数值。number：需要下舍入为整数的实数。 示例：INT(−4.8) =−5
LN(number)	返回一个数的自然对数。自然对数以常数项 e 为底。number：是用于计算其自然对数的正实数。 示例：LN(86) = 4.45437
LOG(number, base)	按指定的任意底数，返回数值的对数。number：需要求对数的正实数。base：对数的底数。如果省略底数，默认值为 10。 示例：LOG(16, 2) = 4

续表

数学函数	说　　明
LOG10(number)	返回以 10 为底数的对数。number：用于对数计算的正实数。 示例：LOG10(86) = 1.934498451
MAX(number1, number2,…)	返回参数列表中的最大值。number1, number2,…：1～30 个需要找出最大值的参数。 示例：MAX(0.1, 0, 1.2) = 1.2
MIN(number1, number2,…)	返回参数列表中的最小值。number1, number2,…：1～30 个需要找出最小值的参数。 示例：如果 B1:B4 包含 3, 6, 9, 12，则 MIN(B1:B4) = 3; MIN(B1:B4,0) = 0
MOD(number, divisor)	返回两数相除的余数，结果的正负号与除数相同。number：被除数。divisor：除数。 示例：MOD(3, 2) = 1
PI() / PI(number)	数学常量，函数返回精确到 15 位的数值 3.141592653589793；当参数不为空时，number 表示 PI 的倍数。 示例：PI(3) = 9.42477796076938
POWER(number, power)	返回指定数字的乘幂。number：底数，可以为任意实数。power：指数，参数 number 按照该指数计算次幂乘方。 示例：POWER(6, 2) = 36
PROMOTION(value1, value2)	返回 value2 在 value1 上提升的比例。 示例：PROMOTION(12, 14) = 0.166666666
RAND()	返回均匀分布的随机数。每计算一次工作表，函数都会返回一个新的随机数值。 示例：=RAND()*60 表示生成一个大于等于 0，小于 60 的随机数
RANDBETWEEN(value1, value2)	返回 value1 和 value2 之间的一个随机整数。 示例：RANDBETWEEN(11.2,13.3)有可能返回 12 或 13
ROUND(number, num_digits)	返回某个数字按指定位数舍入后的数字。number：需要进行舍入的数字。num_digits：指定的位数，按此位数进行舍入。如果 num_digits 大于 0，则舍入到指定的小数位；如果 num_digits 等于 0，则舍入到最接近的整数；如果 num_digits 小于 0，则在小数点左侧进行舍入。 示例：ROUND(2.15, 1) = 2.2

续表

数学函数	说　　明
SIGN(number)	返回数字的符号。当数字为正数时返回 1；为零时返回 0；为负数时返回-1。number：任意实数。 示例：SIGN(10) = 1
SQRT(number)	返回一个正数的平方根。number 为任一正数。 示例：SQRT(64)等于 8
TRUNC(number, num_digits)	将数字的小数部分截去，返回整数。number：需要截尾取整的数字。num_digits：用于指定取整精度的数字。 示例：TRUNC(8.9) = 8

2. 三角函数

三角函数	说　　明
ACOS(number）	返回指定数值的反余弦值。反余弦值为一个角度，返回角度以弧度形式表示。number：需要返回角度的余弦值。 示例：ACOS(1) = 0
ASIN(number)	返回指定数值的反正弦值。反正弦值为一个角度，返回角度以弧度形式表示。number：需要返回角度的正弦值。 示例：ASIN(0.5) = π/6
ATAN(number)	计算指定数值的反正切值。指定数值是返回角度的正切值，返回角度以弧度形式表示。number：需要返回角度的正切值。 示例：ATAN(0) = 0
ATAN2(x_num, y_num)	返回 x、y 坐标的反正切值。返回角度为 x 轴与过（x_num,y_num）和坐标原点（0,0）的一条直线形成的角度。该角度以弧度显示。x_num：指定点的 x 坐标。y_num：指定点的 y 坐标。 示例：ATAN2(2, 2) =π/4
COS(number）	返回一个角度的余弦值。number：以弧度表示的角度。 示例：COS(0.5)约等于 0.877582562
DEGREES(angle)	将弧度转化为度。angle：待转换的弧度角。 示例：DEGREES(PI()/2) = 90
RADIANS(angle)	将角度转换成弧度。angle：需要转换为弧度的角度。 示例：RADIANS(90) = PI()/2

续表

三角函数	说　明
SIN(number)	计算给定角度的正弦值。number：以弧度表示的角度。 示例：SIN(10) =−0.544021111
TAN(number)	返回指定角度的正切值。number：待求正切值的角度，以弧度表示。如果参数是以度为单位的，则乘以 PI()/180 后转换为弧度。 示例：TAN(45*PI()/180) = 1

3. 聚合函数

聚合函数	说　明
AVG_AGG(array)	根据当前分析维度，动态返回指标字段的汇总平均值，生成结果为一动态数据列，行数与当前分析维度行数一致。 array 必须为非聚合函数公式返回的结果，可以是某指标字段、维度或指标字段与普通公式的计算结果，且所有聚合函数的 array 参数均需要满足这一条件。 示例：用户横轴为维度字段“日”时，纵轴的计算字段 AVG_AGG（销量）返回的值为每日的平均销量
COUNT_AGG(array)	根据当前分析维度，动态返回某字段的计数，生成结果为一动态数据列，行数与当前分析维度行数一致。 示例：用户横轴为维度字段“日”时，纵轴的计算字段 COUNT_AGG（销量）返回的值为每日销量的个数
COUNTD_AGG(array)	根据当前分析维度，动态返回某字段的去重计数，生成结果为一动态数据列，行数与当前分析维度行数一致。 示例：用户横轴为维度字段“日”时，纵轴的计算字段 COUNTD_AGG（销量）返回的值为每日销量的去重个数
MAX_AGG(array)	根据当前分析维度，动态返回指标字段的最大值，生成结果为一动态数据列，行数与当前分析维度行数一致。 示例：用户横轴为维度字段“日”时，纵轴的计算字段 MAX_AGG（销量）返回的值为每日销量的最大值
MEDIAN_AGG(array)	根据当前分析维度，动态返回指标字段的中位数，生成结果为一动态数据列，行数与当前分析维度行数一致。 示例：用户横轴为维度字段“日”时，纵轴的计算字段 MEDIAN_AGG（销量）返回的值为每日销量的中位数

续表

聚合函数	说　　明
MIN_AGG(array)	根据当前分析维度，动态返回指标字段的最小值，生成结果为一动态数据列，行数与当前分析维度行数一致。 示例：用户横轴为维度字段“日”时，纵轴的计算字段 MIN_AGG（销量）返回的值为每日销量的最小值
STDEV_AGG(array)	根据当前分析维度，动态返回指标字段的标准差，生成结果为一动态数据列，行数与当前分析维度行数一致。 示例：用户横轴为维度字段“日”时，纵轴的计算字段 STDEV_AGG（销量）返回的值为每日销量的标准差
SUM_AGG(array)	根据当前分析维度，动态返回指标字段的汇总求和值，生成结果为一动态数据列，行数与当前分析维度行数一致。 示例：用户横轴为维度字段“日”时，纵轴的计算字段 SUM_AGG（销量）返回的值为每日的汇总销量
VAR_AGG(array)	根据当前分析维度，动态返回指标字段的方差，生成结果为一动态数据列，行数与当前分析维度行数一致。 示例：用户横轴为维度字段“日”时，纵轴的计算字段 VAR_AGG（销量）返回的值为每日的销量方差

4. 文本函数

文本函数	说　　明
CHAR(number)	根据指定数字返回对应的字符。CHAR 函数可将计算机其他类型的数字代码转换为字符。number：用于指定字符的数字，取值为 1～65535（包括 1 和 65535）。 示例：CHAR(88) = "X"
CODE(text)	计算文本串中第一个字符的数字代码。返回的代码对应于计算机使用的字符集。text：需要计算第一个字符代码的文本或单元格引用。 示例：CODE("Spreadsheet") = 83
CONCATENATE(text1, text2,…)	将数个字符串合并成一个字符串。text1, text2,…：需要合并成单个文本的文本项，可以是字符、数字或单元格引用。 示例：CONCATENATE("Average ", "Price") = "Average Price"
ENDWITH(str1, str2)	判断字符串 str1 是否以 str2 结束。str1 和 str2 对大小写敏感。 示例：ENDWITH("FineReport", "Report") = TRUE

续表

文本函数	说　明
EXACT(text1, text2)	检测两组文本是否相同。如果完全相同，EXACT 函数返回 TRUE；否则，返回 FALSE。EXACT 函数可以区分大小写，但忽略格式的不同。同时也可以利用 EXACT 函数来检测输入文档的文字。text1：需要比较的第一组文本。text2：需要比较的第二组文本。 示例：EXACT("Spreadsheet", "Spreadsheet") = TRUE
FIND(find_text, within_text, start_num)	从指定的索引(start_num)处开始，返回第一次出现的指定子字符串(find_text)在此字符串(within_text)中的索引。find_text：需要查找的文本或包含文本的单元格引用。within_text：包含需要查找文本的文本或单元格引用。start_num：指定进行查找字符的索引位置。within_text 里的索引从 1 开始。如果省略 start_num，则假设值为 1。 示例：FIND("I", "Information") = 1
FORMAT(object, format)	返回 object 的 format 格式。object：需要被格式化对象，可以是字符串、数字或 object（常用的有 Date、Time）。format：格式化的样式。 示例：FORMAT(1234.5, "#,##0.00") = 1234.50
INDEXOF(str1, index) / INDEXOF(array, index)	返回字符串 str1 在 index 位置上的字符/返回数组在 index 位置上的元素。 示例：INDEXOF("FineReport", 0) = 'F'
LEFT(text, num_chars)	根据指定的字符数返回文本串中的第一个或前几个字符。text：包含需要选取字符的文本串或单元格引用。num_chars：指定返回的字符串长度。 示例：LEFT("Fine software", 8) = "Fine sof"
LEN(args)	返回文本串中的字符数或数组的长度。 示例：LEN("Evermore software") = 17
LOWER(text)	将所有的大写字母转化为小写字母。text：需要转化为小写字母的文本串。LOWER 函数不转化文本串中非字母的字符。 示例：LOWER("A.M.10:30") = "a.m.10:30"
MID(text, start_num, num_chars)	返回文本串中从指定位置开始的一定数目的字符，该数目由用户指定。text：包含要提取字符的文本串。start_num：文本中需要提取字符的起始位置，文本中第一个字符的 start_num 为 1，依此类推。num_chars：返回字符的长度。 示例：MID("Finemore software", 10, 8) = "software"

续表

文本函数	说　明
NUMTO(number, bool) / NUMTO(number)	返回 number 的中文表示。其中，bool 用于选择中文表示的方式，当没有 bool 时采用默认方式显示。 示例：NUMTO(2345, true) = "二三四五"
PROPER(text)	将文本中的第一个字母和所有非字母字符后的第一个字母转化为大写，其他字母变为小写。text：需要转化为文本的公式、由双引号引用的文本串或单元格引用。 示例：PROPER("SpreaDSheEt") = "Spreadsheet"
REGEXP(str, pattern)	判断字符串 str 是否与正则表达式 pattern 相匹配。 示例：REGEXP("aaaaac", "a*c") = TRUE
REPEAT(text, number_times)	根据指定的次数重复显示文本。REPEAT 函数可用来显示同一字符串，并对单元格进行填充。text：需要重复显示的文本或包含文本的单元格引用。number_times：指定文本重复的次数，且为正数。如果 number_times 为 0，REPEAT 函数将返回“”（空文本）。如果 number_times 不是整数，将被取整。REPEAT 函数的最终结果通常不大于 32767 个字符。 示例：REPEAT("$", 4) = "$$$$"
REPLACE(text, textorreplace, replacetext)	根据指定的字符串，用其他文本来代替原始文本中的内容。text：需要被替换部分字符的文本或单元格引用。textorreplace：指定的字符串或正则表达式。replacetext：需要替换部分旧文本的文本。 示例：REPLACE("abcd", "a", "re") = "rebcd"
REPLACE(old_text, start_num, num_chars, new_text)	根据指定的字符数，用其他文本串来替换某个文本串中的部分内容。old_text：需要被替换部分字符的文本或单元格引用。start_num：需要用 new_text 来替换 old_text 中的字符的起始位置。num_chars：需要用 new_text 来替换 old_text 中的字符的个数。new_text：需要替换部分旧文本的文本。 示例：REPLACE("0123456789", 5, 4, "*") = "0123*89"
RIGHT(text, num_chars)	根据指定的字符数从右开始返回文本串中的最后一个或几个字符。text：包含需要提取字符的文本串或单元格引用。num_chars：指定 RIGHT 函数从文本串中提取的字符数。num_chars 不能小于 0。如果 num_chars 大于文本串长度，RIGHT 函数将返回整个文本。如果不指定 num_chars，则默认值为 1。 示例：RIGHT("It is interesting", 6) = "esting"

续表

文本函数	说　　明
SPLIT(String1, String2)	返回由 String2 分割 String1 组成的字符串数组。String1：以双引号表示的字符串。String2：以双引号表示的分隔符，如逗号","。 示例：SPLIT("hello, world, yes", ",") = ["hello", "world", "yes"]
STARTWITH(str1, str2)	判断字符串 str1 是否以 str2 开始。str1 和 str2 对大小写敏感。 示例：STARTWITH("FineReport", "Report") = FALSE
SUBSTITUTE(text, old_text, new_text, instance_num)	用 new_text 替换文本串中的 old_text。text：需要被替换字符的文本，或含有文本的单元格引用。old_text：需要被替换的部分文本。new_text：用于替换 old_text 的文本。instance_num：指定用 new_text 来替换第几次出现的 old_text。如果指定了 instance_num，则只有指定位置上的 old_text 被替换；否则，文字串中出现的所有 old_text 都被 new_text 替换。 示例：SUBSTITUTE("data base", "base", "model") = "data model"
TODOUBLE(text)	将文本转换成 Double 对象。text：需要转换的文本。 示例：TODOUBLE("123.21") = new Double(123.21)
TOINTEGER(text)	将文本转换成 Integer 对象。text：需要转换的文本。 示例：TOINTEGER("123") = new Integer(123)
TRIM(text)	清除文本中所有的空格，单词间的单个空格除外，也可用于带有不规则空格的文本。text：需要清除空格的文本。 示例：TRIM("　Monthly Report ") = "Monthly Report"
UPPER(text)	将文本中所有的字符转化为大写。text：需要转化为大写字符的文本，或包含文本的单元格引用。 示例：UPPER("notes") = "NOTES"

5. 日期函数

日期函数	说　　明
DATE(year, month, day)	返回一个表示某一特定日期的系列数。 示例：DATE(1978, 9, 19) = 1978-09-19
DATEDELTA(date, deltadays)	返回日期 date 后 deltadays 的日期。deltadays 可以为正值、负值或零。 示例：DATEDELTA("2008-08-08", 10) = 2008-08-18
DATEDIF(start_date, end_date, unit)	返回两个指定日期间的天数、月数或年数。start_date：所指定时间段的初始日期。end_date：所指定时间段的终止日期。 示例：DATEDIF("2001/2/28","2004/3/20","Y") = 3

续表

日期函数	说　　明
DATEINMONTH(date, number)	返回在某个月中第 number 天的日期。 示例：DATEINMONTH("2008-08-08", 20) = 2008-08-20
DATEINWEEK(date, number)	返回在某个星期中第 number 天的日期。 示例：DATEINWEEK("2008-08-28", 2) = 2008-08-26
DATEINYEAR(date, number)	返回在某年中第 number 天的日期。 示例：DATEINYEAR(2008,100) = 2008-04-09
DATESUBDATE(date1, date2, op)	返回两个日期之间的时间差。op 表示返回的时间单位 示例：DATESUBDATE("2008-08-08", "2008-06-06","h") = 1512
DATETONUMBER(date)	返回自 1970 年 1 月 1 日 00:00:00 GMT 算起经过的毫秒数。 示例：DATETONUMBER("2008-08-08") = 1218124800000
DAY(serial_number)	返回日期中的日，取值为 1～31。serial_number：含有所求的年的日期。 示例：DAY("2006/05/05") = 5
DAYS360(start_date, end_date, method)	按照一年 360 天的算法（每个月以 30 天计，一年共 12 个月），返回两日期间相差的天数，常用于会计计算。如果财务系统是基于一年 12 个月、每月 30 天的，则可用此函数计算支付款项。 示例：DAYS360("1998/1/30", "1998/2/1") = 1
DAYSOFMONTH(date)	返回 1900 年 1 月后某年某月包含的天数。 示例：DAYSOFMONTH("1900-02-01") = 28
DAYSOFQUARTER(date)	返回 1900 年 1 月后某年某季度的天数。 示例：DAYSOFQUARTER("2009-02-01") = 90
DAYSOFYEAR(year)	返回某年包含的天数。 示例：DAYSOFYEAR(2008) = 366
DAYVALUE(date)	返回从 1900 年至 date 日期所经历的天数。 示例：DAYVALUE("2008/08/08") = 39668
HOUR(serial_number)	返回某一指定时间的小时数。函数取值为 0（0:00）～23（23:00)的一个整数。serial_number：包含所求小时的时间。 示例：HOUR("11:32:40") = 11
LUNAR(year, day, month)	返回当前日期对应的农历时间。year、month、day 分别对应年、月、日。 示例：LUNAR(2011,7,21)的结果为辛卯年六月廿一

续表

日期函数	说　明
MINUTE(serial_number)	返回某一指定时间的分钟数，其值为 0～59 的一个整数。serial_number：包含所求分钟数的时间。 示例：MINUTE("15:36:25") = 36
MONTH(serial_number)	返回日期中的月，取值介于 1～12 的一个数。serial_number：含有所求的月的日期。 示例：MONTH("2000/1/1") = 1
MONTHDELTA(date, delta)	返回指定日期 date 后 delta 个月的日期。 示例：MONTHDELTA("2008-08-08", 4) = 2008-12-08
NOW()	获取当前时间。
SECOND(serial_number)	返回某一指定时间的秒数，其值为 0～59 的一个整数。serial_number：包含所求秒数的时间。 示例：SECOND("15:36:25") = 25
TODATE()	将各种日期形式的参数转换为日期类型。 （1）参数是一个日期型的参数，那么直接将这个参数返回。 示例：TODATE(DATE(2007,12,12))返回 2007 年 12 月 12 日组成的日期。 （2）参数是以从 1970 年 1 月 1 日 0 时 0 分 0 秒开始计算的毫秒数，则返回对应的时间。 示例：TODATE("1023542354746")返回 2002 年 6 月 8 日。 （3）参数是日期格式的文本，那么返回这个文本对应的日期。 示例：TODATE("2007/10/15")返回 2007 年 10 月 5 日组成的日期。 （4）有两个参数：第一个参数是一个日期格式的文本，第二个参数是用来解析日期的格式的。 示例：TODATE("1/15/07", "MM/dd/yy")返回 07 年 1 月 15 日组成的日期。 （5）有三个参数：第一个参数是一个日期格式的文本，第二个参数是用来解析日期格式的，第三个参数是表示解析日期的语言，如 zh（中文）、en（英文）。 示例：TODATE("星期三 1/15/07","EEE mm/dd/yy","zh")返回 07 年 1 月 15 日组成的日期，使用"zh"才能够正常解析“星期三”这个字符串

续表

日期函数	说　明
TIME(hour,minute,second)	返回代表指定时间的小数。hour：0～23 的一个数。minute：0～59 的一个数。second：0～59 的一个数。 示例：TIME(14, 40, 0) = 2:40 PM
TODAY()	获取当前的日期
WEEK(serial_num)	返回一个代表一年中的第几周的数字。serial_num：输入的日期。 示例：WEEK("2010/1/5") = 1
WEEKDATE(year, month, weekOfMonth, dayOfWeek)	返回指定年月指定周周几的具体日期。 示例：WEEKDATE(2009, 10, 2, 1) = 2009-10-04
WEEKDAY(Serial_number)	获取日期并返回星期数。返回值为 0～6 的某一整数，分别代表一星期中的某一天（从星期日到星期六）。serial_number：输入的日期。 示例：WEEKDAY("2005/9/10") = 6（星期六）
YEAR(serial_number)	返回日期中的年，取值为 1900～9999 的一个数。serial_number：含有所求的年的日期。 示例：YEAR("2006/05/05") = 2006
YEARDELTA(date, delta)	返回指定日期后 delta 年的日期。 示例：YEARDELTA("2008-10-10", 10) = 2018-10-10

6. 逻辑函数

逻辑函数	说　明
IF(boolean,number1/string1, number2/string2)	判断函数，boolean 为 TRUE 时返回第二个参数，为 FALSE 时返回第三个参数。boolean：用于判断的布尔值，取值为 TRUE 或 FALSE。 示例：IF(TRUE, 2, 8) = 2
AND(logical1, logical2,…)	当所有参数的值为真时，返回 TRUE；当任意参数的值为假时，返回 FALSE。logical1, logical2,…：指 1～30 个需要检验 TRUE 或 FALSE 的条件值。 示例：AND(1+7=8,5+7=12) = TRUE
SWITCH(表达式, 值 1, 结果 1, 值 2, 结果 2,…)	如果表达式的结果是值 1，则整个函数返回结果 1；如果表达式的结果是值 2，则整个函数返回结果 2，依此类推。
OR(logical1, logical2,…)	当所有参数的值为假时，返回 FALSE；当任意参数的值为真时，返回 TRUE。logical1, logical2,…：指 1～30 个需要检验 TRUE 或 FALSE 的条件值。 示例：OR(1+7=9,5+7=11) = FALSE

7. 快速计算函数

快速计算函数仅支持在“添加计算指标”中使用，用于对聚合函数字段进行计算，参数均需要添加聚合函数或聚合指标；否则公式会标红，无法使用。详细可参考 FineBI 帮助文档《快速计算函数》[1]。

8. 其他函数

其他函数	说　　明
ISNULL(object)	判断对象中所有的值是否全都是 null 或空字符串。
NVL(value1, value2, value3,…)	在所有参数中返回第一个不是 null 的值。value1, value2, value3,…:可以为任意数，也可以为 null。当字符串长度为 0 时，返回也为 null。 示例：NVL(null,12) = 12

1 http://help.finebi.com/doc-view-394.html。